U0168589

中国社会科学院
“登峰战略”优势学科“气候变化经济学”
成果

气候变化经济学系列教材

总主编　潘家华

全球气候治理

Global Climate Governance

主编■王谋　陈迎

中国社会科学出版社

图书在版编目（CIP）数据

全球气候治理／王谋，陈迎主编．—北京：中国社会科学出版社，2021．10
ISBN 978－7－5203－8198－7

Ⅰ．①全… Ⅱ．①王…②陈… Ⅲ．①气候变化—治理—国际合作—文集 Ⅳ．①P467－53

中国版本图书馆 CIP 数据核字（2021）第 060112 号

出 版 人 赵剑英
项目统筹 王 茵
责任编辑 马 明 王佳萌
责任校对 蒋佳佳
责任印制 王 超

出 版 中国社会科学出版社
社 址 北京鼓楼西大街甲 158 号
邮 编 100720
网 址 http://www.csspw.cn
发 行 部 010－84083685
门 市 部 010－84029450
经 销 新华书店及其他书店

印刷装订 北京君升印刷有限公司
版 次 2021 年 10 月第 1 版
印 次 2021 年 10 月第 1 次印刷

开 本 710×1000 1/16
印 张 10.5
字 数 183 千字
定 价 59.00 元

凡购买中国社会科学出版社图书，如有质量问题请与本社营销中心联系调换
电话：010－84083683

气候变化经济学系列教材
编 委 会

总　序

气候变化一般被认为是一种自然现象，一个科学问题。以各种自然气象灾害为表征的气候异常影响人类正常社会经济活动自古有之，虽然具有“黑天鹅”属性，但灾害防范与应对似乎也司空见惯，见怪不怪。但20世纪80年代国际社会关于人类社会经济活动排放二氧化碳引致全球长期增温态势的气候变化新认知，显然超出了“自然”范畴。这一意义上的气候变化，经过国际学术界近半个世纪的观测研究辨析，有别于自然异变，主要归咎于人类活动，尤其是工业革命以来的化石能源燃烧排放的二氧化碳和持续大规模土地利用变化致使自然界的碳减汇增源，大气中二氧化碳浓度大幅快速攀升、全球地表增温、冰川融化、海平面升高、极端天气事件频次增加强度增大、生物多样性锐减，气候安全问题严重威胁人类未来生存与发展。

“解铃还须系铃人”。既然因之于人类活动，防范、中止，抑或逆转气候变化，就需要人类改变行为，采取行动。而人类活动的指向性十分明确：趋利避害。不论是企业资产负债表编制，还是国民经济财富核算，目标函数都是当期收益的最大化，例如企业利润增加多少，经济增长率有多高。减少温室气体排放最直接有效的就是减少化石能源消费，在给定的技术及经济条件下，会负向影响工业生产和居民生活品质，企业减少盈利，经济增长降速，以货币收入计算的国民福祉不增反降。而减排的收益是未来气候风险的减少和弱化。也就是说，减排成本是当期的、确定的、具有明确行动主体的；减排的收益是未来的、不确定的、全球或全人类的。这样，工业革命后发端于功利主义伦理原则而发展、演进的常规或西方经济学理论体系，对于气候变化“病症”，头痛医头，脚痛医脚，开出一个处方，触发更多毛病。正是在这样一种情况下，欧美一些主流经济学家试图将“当期的、确定的、具有明确主体的”成本和“未来的、不确定的、全球的”收益综合一体分析，从而一门新兴的学科，即气候变化经济学也就萌生了。

由此可见，气候变化经济学所要解决的温室气体减排成本与收益在主体与时间上的错位问题是一个悖论，在工业文明功利主义的价值观下，求解显然是困难的。从1990年联合国气候变化谈判以来，只是部分的、有限的进展；正解在现行经济学学科体系下，可能不存在。不仅如此，温室气体排放与发展权益关联。工业革命以来的统计数据表明，收入水平高者，二氧化碳排放量也大。发达国家与发展中国家之间、发展中国家或发达国家内部富人与穷人之间，当前谁该减、减多少，成为了一个规范经济学的国际和人际公平问题。更有甚者，气候已经而且正在变化，那些历史排放多、当前排放高的发达国家由于资金充裕、技术能力强，可以有效应对气候变化的不利影响，而那些历史排放少、当前排放低的发展中国家，资金短缺、技术落后，受气候变化不利影响的损失多、损害大。这又成为一个伦理层面的气候公正问题。不论是减排，还是减少损失损害，均需要资金与技术。钱从哪儿来？如果筹到钱，又该如何用？由于比较优势的存在，国际贸易是双赢选择，但是如果产品和服务中所含的碳纳入成本核算，不仅比较优势发生改变，而且也出现隐含于产品的碳排放，呈现生产与消费的空间错位。经济学理论表明市场是最有效的。如果有限的碳排放配额能够通过市场配置，碳效率是最高的。应对气候变化的行动，涉及社会的方方面面，需要全方位的行动。如果一个社区、一座城市能够实现低碳或近零碳，其集合体国家，也就可能走向近零碳。然而，温室气体不仅仅是二氧化碳，不仅仅是化石能源燃烧。碳市场建立、零碳社会建设，碳的核算方法必须科学准确。气候安全是人类的共同挑战，在没有世界政府的情况下，全球气候治理就是一个艰巨的国际政治经济学问题，需要国际社会采取共同行动。

作为新兴交叉学科，气候变化经济学已然成为一个庞大的学科体系。欧美高校不仅在研究生而且在本科生教学中纳入了气候变化经济学的内容，但在教材建设上尚没有加以系统构建。2017年，中国社会科学院将气候变化经济学作为学科建设登峰计划·哲学社会科学的优势学科，依托生态文明研究所

（原城市发展与环境研究所）气候变化经济学研究团队开展建设。2018 年，中国社会科学院大学经批准自主设立气候变化经济学专业，开展气候变化经济学教学。国内一些高校也开设了气候变化经济学相关课程内容的教学。学科建设需要学术创新，学术创新可构建话语体系，而话语体系需要教材体系作为载体，并加以固化和传授。为展现学科体系、学术体系和话语体系建设的成果，中国社会科学院气候变化经济学优势学科建设团队协同国内近 50 所高校和科研机构，启动《气候变化经济学系列教材》的编撰工作，开展气候变化经济学教材体系建设。此项工作，还得到了中国社会科学出版社的大力支持。经过多年的努力，最终形成了《气候变化经济学导论》《适应气候变化经济学》《减缓气候变化经济学》《全球气候治理》《碳核算方法学》《气候金融》《贸易与气候变化》《碳市场经济学》《低碳城市的理论、方法与实践》9 本 252 万字的成果，供气候变化经济学教学、研究和培训选用。

令人欣喜的是，2020 年 9 月 22 日，国家主席习近平在第七十五届联合国大会一般性辩论上的讲话中庄重宣示，中国二氧化碳排放力争于 2030 年前达到峰值，努力争取 2060 年前实现碳中和。随后又表示中国将坚定不移地履行承诺。在饱受新冠肺炎疫情困扰的 2020 年岁末的 12 月 12 日，习近平主席在联合国气候雄心峰会上的讲话中宣布中国进一步提振雄心，在 2030 年，单位 GDP 二氧化碳排放量比 2005 年水平下降 65% 以上，非化石能源占一次能源消费的比例达到 25% 左右，风电、太阳能发电总装机容量达到 12 亿千瓦以上，森林蓄积量比 2005 年增加 60 亿立方米。2021 年 9 月 21 日，习近平主席在第七十六届联合国大会一般性辩论上，再次强调积极应对气候变化，构建人与自然生命共同体。中国的担当和奉献放大和激发了国际社会的积极反响。目前，一些发达国家明确表示在 2050 年前后实现净零排放，发展中国家也纷纷提出净零排放的目标；美国也在正式退出《巴黎协定》后于 2021 年 2 月 19 日重新加入。保障气候安全，构建人类命运共同体，气候变化经济学研究步入新的境界。这些内容尽管尚未纳入第一版系列教材，但在后续的修订和再版中，必将得到充分的体现。

人类活动引致的气候变化，是工业文明的产物，随工业化进程而加剧；基于工业文明发展范式的经济学原理，可以在局部或单个问题上提供解决方案，但在根本上是不可能彻底解决气候变化问题的。这就需要在生态文明的发展范式下，开拓创新，寻求人与自然和谐的新气候变化经济学。从这一意义上讲，目前的系列教材只是一种尝试，采用的素材也多源自联合国政府间气候变化专门委员会的科学评估和国内外现有文献。教材的学术性、规范性和系统性等方面还有待进一步改进和完善。本系列教材的编撰团队，恳望学生、教师、科研人员和决策实践人员，指正错误，提出改进建议。

潘家华

2021 年 10 月

前　　言

自 1992 年达成《联合国气候变化框架公约》，气候治理的国际进程一直在艰难曲折而又稳健有效的推进中，形成了《京都议定书》《巴黎协定》等针对不同时间段的执行计划和方案。由于全球气候治理涉及国家利益和责任担当，在“公平”“共同但有区别责任”等原则问题上，南（发展中国家）北（发达国家）国家立场差异大，随着各国经济社会发展，各方谈判诉求也一直在动态变化中。2015 年巴黎气候变化大会通过了《巴黎协定》，于 2016 年 11 月 4 日正式生效。《巴黎协定》是国际气候治理进程的一个里程碑，是在全球经济社会发展的背景下，多方谈判诉求、立场再平衡的结果，反映了国际社会合作应对气候变化责任和行动的新共识，提供了未来全球气候治理新范式。

在《巴黎协定》中，不仅是发达国家，包括众多发展中国家基于经济社会发展水平，提出了相对以往气候协议更为积极的国家自主贡献目标，体现了共同行动的良好意愿。在“哥本哈根协议”的国家适当减缓行动信息文件中（即发展中国家 2020 年前的自主减排行动目标），发展中国家提出的减排目标大多是以获得资金、技术、能力建设等支持为条件的承诺目标。但在《巴黎协定》的国家自主贡献目标体系中，更多的发展中国家展现了“以我为主”开展行动的积极姿态，并且在资金机制、透明度、盘点机制等议题的谈判中展现了极大的灵活性，体现了共同行动的意愿和雄心。《巴黎协定》虽然已正式生效，但全球气候治理仍面临诸多挑战，为了更好地认识全球气候治理发展历程、特征，分析演化趋势，在此基础上更加建设性地推动全球气候治理进程，中国社会科学院生态文明研究所组织编写了《全球气候治理》这本书。

气候变化没有国界，所有人种、所有国家都生活在同一个气候系统下，是一个命运共同体。应对气候变化，也需要所有国家、所有个体共同出力，避免

“公地悲剧”的出现，要像保护家园那样共同行动保持气候环境，共同打造优质的全球公共产品。《巴黎协定》已经进行了很好的全球层面的政治动员，主要国家元首齐聚巴黎，发表了积极合作和行动的政治宣言。从《巴黎协定》的生效和后续谈判来看，除了美国特朗普政府短暂退出《巴黎协定》，其他国家均积极响应巴黎会议上释放的政治信号，为积极开展全球行动奠定了坚实基础。国际社会“共同行动”应对气候变化的大势已经确立，面对日益频繁的极端天气事件、日益增加的气候灾害成本，世界各国应更加紧密协作，凝聚共识，以构建人类命运共同体为己任，开展更加务实、紧密合作，共同推进《巴黎协定》履约进程，保障全球气候安全。

本书邀请了长期从事全球气候治理研究的学者和机构对全球气候治理的基本框架、要素以及发展演化趋势进行了系统分析和介绍。本书共八章，第一章“绪论”由中国社会科学院生态文明研究所陈迎撰写；第二章“气候变化与全球治理”由国家气候中心张永香撰写；第三章“全球气候治理的主要平台和机制”由丹麦科技大学朱仙丽、中国社会科学院生态文明研究所王谋撰写；第四章“全球气候治理中的关键问题”由国家应对气候变化战略研究与国际合作中心刘哲、王谋撰写；第五章“全球气候治理的主要参与方及其立场”由中国社会科学院朱磊、王谋、外交学院郦莉、朱仙丽撰写；第六章“全球气候治理的主要格局及其演化”由王谋、朱仙丽撰写；第七章“全球气候治理的范式转型”由王谋撰写；第八章“全球气候治理中的中国”由中国气象局辛源、陈迎撰写。全书由王谋、陈迎统稿，康文梅、吉治璇、张子约参与统稿和校对工作。

本书作为一本全面系统介绍全球气候治理框架、要素及发展演化趋势的著作，可以为读者和相关专业学生提供较为完整的研究和学习框架，适用相关专业科研院所、气候变化相关专业的辅修课或专业课，可供相关领域研究人员、本科生、研究生根据学习需要开展选择性教学和阅读。

目　　录

第一章

绪　论

气候变化是人类社会面临的最严峻挑战之一。在探讨全球气候治理之前，有必要先了解气候、气候变化等基本概念，认识全球气候变化问题的基本特征，对全球气候治理问题的出发点以及本书的框架有总体的理解。

第一节　气候变化对人类的严峻挑战

天气是指短时间（几分钟到几天）发生的气象现象，如雷雨、冰雹、台风、寒潮、大风等。它们常常在短时间内造成集中的、强烈的影响和灾害。气候不同于天气，气候是指某一长时期内（月、季、年、数年到数百年及以上）气象要素（如温度、降水、风等）和天气过程的平均或统计状况，主要反映的是某一地区冷暖干湿等基本特征，通常由某一时期的平均值和距此平均值的离差值（气象上称距平值）表征。①

气候变化是指气候平均状态和离差（距平）两者中的一个或两者一起出现了统计意义上的显著变化。离差值增大，表明气候状态不稳定性增加，气候变化敏感性也增大。气候系统包括大气圈、冰雪圈、生物圈、水圈、岩石圈（陆地）。气候变化是由气候系统的变化引起的。一般认为，引起气候变化的驱动因子包括自然和人为两个方面。自然因子主要包括火山爆发、太阳活动以及气候系统内部如厄尔尼诺、温盐环流等因素的变化。人为因子主要包括人类

---

① 《天气和气候》，中国气候变化信息网，http：//www. ccchina. org. cn/Detail. aspx？ newsId = 27820&TId = 59。

活动，如燃烧化石燃料导致的温室气体排放、土地利用等下垫面的改变和人为气溶胶排放等。①

联合国政府间气候变化专门委员会（IPCC）2013年发布的第五次气候变化评估报告指出，气候变暖是毋庸置疑的。人类活动极有可能是近50年全球气候变暖的主要原因。② 近百年来地球气候系统正经历着一次以变暖为主要特征的显著变化，人类活动是近50年全球气候变暖的主要原因。在20世纪80年代，全球变暖可能还是一种假说，随着观测资料的增加、检测归因方法和技术的进一步完善以及气候模式的不断发展，对气候变化原因的认识逐渐深化。到了90年代，有了比较充足的科学证据说明人类活动影响气候，近年来，有关气候变化的科学证据更多、更清晰。

2020年3月10日，世界气象组织发布了《2019年全球气候状况声明》，确认2019年是有记录以来温度第二高的年份（温度最高的年份是2016年），2015—2019年是有记录以来最热的五年，而2010—2019年是最热的十年。截至2019年底，全球平均温度比工业化前高出1.1℃，仅次于2016年。2018年温室气体浓度创新高，二氧化碳的浓度为407.8±0.1ppm，甲烷为1869±2bpm，氧化亚氮为331.1±0.1bpm。2019年温室气体浓度持续增加③。2019年的排放量将增长0.6%（范围在-0.2%—1.5%）。2020年9月，世界气象组织发表报告《团结在科学之中》，预计2016—2020年全球平均气温是有记录以来最热的五年，温室气体浓度已达到了三百万年来的最高水平，并在持续攀升。尽管2020年新冠肺炎疫情肆虐，全球温室气体排放下降了约7%，但气候变化却丝毫没有放慢脚步。④

全球气候以变暖为总体特征的变化趋势在时间和空间分布上并不均匀，不排除在个别区域和个别时段出现比常年偏冷的情况。例如，2020年1月初的寒潮，中国降温8℃以上的面积达250万平方公里，降幅12℃以上面积达40

---

① 秦大河主编：《气候变化科学概论》，科学出版社2018年版。

② 《气候专家解读IPCC第五次评估报告第一工作组报告》，中央政府门户网站，2013年10月8日，http://www.gov.cn/govweb/fwxx/kp/2013-10/08/content_2501790.htm。

③ 世界气象组织：《2019年全球气候状况声明》，2020年3月；浓度单位，ppm为百万分之一，bpm为十亿分之一。

④ 《团结在科学之中》报告：气候变化并未因新冠疫情而止步，联合国教科文组织网站，2020年9月9日，https://zh.unesco.org/news/tuan-jie-zai-ke-xue-zhi-zhong-bao-gao-qi-hou-bian-hua-bing-wei-yin-xin-guan-yi-qing-er-zhi-bu。

万平方公里；北京、河北、山东多地气象观测站最低气温突破或达到建站以来的历史极值。科学家解释，2020 年 9 月，北极海冰为有观测记录以来第二少。寒潮恰恰与气候变化背景下北极快速增温导致北极的冷空气大举南下有关。[①] 人们感知到的气候变化，是气候的趋势性变化与年际、年代际波动共同影响的结果。不能因为在某时某地出现极寒天气就忽视甚至否认全球气候变暖的科学基础，极端气候事件出现的频率和强度增加正是气候变化的一种表现。

在全球气候变化的大背景下，虽然在一小部分地区可能带来正面效应，但在绝大多数地区，对自然系统和人类社会以不利影响为主。气候变化严重威胁人类社会可持续发展，是人类面临的最严峻挑战之一。例如，气候变暖造成的极端高温正在损害人类健康。2019 年，澳大利亚、印度、日本和欧洲均出现创纪录的高温。气候变化不仅加剧了高温热浪、干旱、洪水等极端气候灾害，还使得冰川消融、海平面升高，给自然生态系统带来了不可逆的影响。例如 2019 年澳大利亚“黑色夏季”森林大火直接或间接影响全国 80% 的居民，33 人死亡，多达 10 亿只动物葬身火海。2020 年持续燃烧的美国加州等地的森林大火，不仅是森林管理问题，更与气候变化加剧高温、干旱和大风等有利山火蔓延的气象条件密切相关。气候变暖带来更多极端高温天气，还严重损害人群健康，仅 2019 年 6—9 月法国的高温热浪就导致超过 1400 人死亡，2 万多人因高温生病就诊。[②]

第二节　全球气候变化问题的特征

气候变化与空气和水污染等局域环境问题不同，作为全球性问题，气候变化问题具有一些鲜明的特征。

第一，气候变化的影响具有全球性、长期性和不可逆性。人类活动排放的大量温室气体，长期累积在大气圈中导致温室气体浓度增加，温室效应不仅使全球平均温度升高，还改变地球气候系统，带来海平面上升、冰川冻土消融、降水分布改变、极端天气频发等严重后果，威胁人类社会可持续发展。排放一

① 《今年冬天为何格外冷？恰恰与全球变暖有关》，《科技日报》2021 年 1 月 14 日。

② 澳大利亚气候理事会（Climate Council）：《危机之夏》（*Summer of Crisis*），2020 年 3 月 10 日。

浓度—辐射强迫—温度升高，再到影响，形成了一个气候变化的因果链。即使人类立刻停止排放，全球平均温度的上升及其影响的过程还将持续上百年，且不可逆转。面对全球气候变化的严峻挑战，任何国家都不能独善其身。

第二，应对气候变化需要全球合作。地球是人类唯一的家园，稳定的气候系统作为人类赖以生存的环境，具有全球公共物品属性，其供给具有非排他性。任何国家不可能独立应对气候变化的挑战，保障气候安全迫切需要通过国际合作使各国政府、企业和消费者联合起来，采取集体行动，应对挑战。减缓和适应是应对气候变化的两大途径。减缓指通过提高化石能源使用效率，发展可再生能源，增加碳汇等政策措施减少化石能源的使用，减少温室气体排放。适应指增强应对能力和采取行动降低气候变化带来的不利影响，减少损失。

第三，气候变化问题包含深刻的伦理学含义。气候变化的影响在时间和空间上是不均匀的。减缓行动的成本是当下的、局部的，而效益是全球的、长期的，也是不对称的。温室气体累积在大气圈中，寿命长达百年。发达国家较早开始工业革命和大量排放温室气体，对气候变化负有较大的历史责任。而一个国家的温室气体排放往往与其受到的气候变化影响不成比例。一些最不发达国家，排放较少而应对能力不足，对于气候变化的不利影响更为脆弱。《联合国气候变化框架公约》规定，应对气候变化的最终目标是稳定大气中温室气体的浓度，避免对气候系统造成危险的人为干扰。如何定义危险浓度的阈值，如何衡量各国的责任和义务，如何确定满足代际公平的贴现率，如何在减缓和适应之间寻求最优平衡点等，不仅是科学问题，也包含伦理和价值判断。

第四，气候变化问题与可持续发展的密切联系。气候变化归根结底是发展问题，应对气候变化与发展政策之间可能存在协同效应（synergy），例如，治理空气污染可以同时减少温室气体排放，也可能需要权衡取舍（trade-off），例如煤炭等高耗能行业的减排可能增加社会就业压力。2015年通过的《2030年可持续发展议程》，将气候变化作为第13个目标纳入可持续发展目标（SDGs）。应对气候变化不能局限在减缓本身，需要跳出气候变化的固有思维，以更广阔的可持续发展视野寻找解决之道，促进发展方式向可持续发展转型。

第三节 气候变化从科学走向政治

气候变化的科学研究可以追溯到1824年，法国科学家约瑟夫·傅里叶研究热传导时发现，大气层拦截住从地表发出的部分红外辐射，防止其散发到太空中，这被称为“温室效应”。1896年，瑞典科学家、诺贝尔奖获得者苏万特·阿列纽斯（Savante Arrhenius）指出，工业化过程将导致大气中二氧化碳浓度增加，并加强温室效应。1938年，蒸汽动力工程师、业余气象爱好者卡伦德根据自己收集的气象统计数据在伦敦的皇家气象学会会议上发言，第一次提出全球正在变暖，升温是工业革命以来二氧化碳排放增加造成的。1960年，加州理工学院的博士后基林建立了两个观测站，一个位于夏威夷群岛莫纳罗亚火山的顶部，另一件仪器被放到了更加原始的南极地带，实际测量二氧化碳浓度，确信二氧化碳水平的基线已经升高了。

伴随气候变化问题科学研究的发展，1979年2月，在瑞士日内瓦召开的第一届世界气候大会，首次将气候变化作为国际议题提上全球议程。会议启动了世界气候计划（WCP），加强气候变化研究。1985年，在奥地利维拉赫召开了气候问题专门会议，科学家在会上提出各国政府应评估气候变化潜在的影响及采取应对政策的行动力度，呼吁对气候变化采取政治行动。建议成立一个特别小组，着手考虑全球公约，开启了气候变化的政治进程。1990年，国际气候谈判拉开帷幕，1992年通过《联合国气候变化框架公约》（以下简称《公约》）。1994年《公约》生效，从1995年开始每年召开气候公约缔约方大会，至今已有20多年。气候谈判纷繁复杂，各方经过激烈博弈达成的《京都议定书》《巴黎协定》等一系列重要成果来之不易，成为国际气候治理制度的重要基石。国际气候进程一路走来，在艰难坎坷中砥砺前行。

由此可见，气候变化问题早已不是单纯的科学问题、环境问题，而是一个集科学、环境、技术、法律、政治、经济、伦理等跨学科的全球性问题，是关系人类生存和可持续发展的重大战略问题。气候变化经济学作为一门新兴学科，是理论与实践紧密联系的前沿领域，需要从不同学科和不同视角深入研究，其中，全球气候治理是理解气候变化问题的一个重要方面，需要具有全球视野，综合运用政治、经济、环境、伦理等多学科的理论和方法加以分析。

第四节 内容结构和章节安排

气候变化经济学作为一个新兴学科，正式教学实践刚刚起步，全球气候治理尚没有可用的教材。为帮助大学生和专业技术人员深入理解气候变化及全球气候治理问题，特组织中国社会科学院、丹麦科技大学、国家应对气候变化战略研究与国际合作中心、外交学院、中国气象局等相关专家编写本书，并被纳入中国社会科学院生态文明研究所潘家华牵头总负责的“气候变化经济学系列教材”。

本书共分八章，除绪论之外，第二章概述气候变化与全球治理，包括气候变化的科学认知及其影响，概述 IPCC 和中国气候变化评估报告的主要结论，强调全球气候治理的作用和意义，回顾科学认知不断推进全球气候治理进程的发展脉络。

第三章分析全球气候治理的主要平台和机制，梳理《联合国气候变化框架公约》下的气候谈判进程，以及《公约》外主要机制的发展演化，综合分析《公约》内和《公约》外不同机制对推动全球应对气候变化发挥的作用。

第四章聚焦全球气候治理中的关键问题，分别就全球气候治理的基本原则和公平问题，减排模式和目标，适应，资金，技术，透明度，以及低碳发展战略等，分析国际气候治理取得的成就和面临的挑战。

第五章分析全球气候治理的主要参与方及其气候政策和立场，包括欧盟、伞形国家集团的美国，代表转轨国家的俄罗斯，代表发展中大国的“基础四国”（中国、印度、巴西和南非），以及小岛国联盟等。

第六章从历史发展视角分析全球气候治理的主要格局及其演化，包括多主体、多层多圈的治理结构的演化，不同阵营不同集团之间组合的演化，不同行为主体之间合作行动的演化等。

第七章剖析全球气候治理的范式转型，并寻找促成转型的原因，如全球经济发展和经济格局的演变，全球气候治理进程中责任和义务的转移，全球共同行动确认，以及气候治理与可持续发展的协同。

第八章聚焦全球气候治理中的中国，将中国置身全球气候治理的大背景中，梳理中国参与国际气候治理进程及发挥的作用，特别是伴随中国改革开放和经济快速发展和气候变化的认识不断深入，中国应对气候变化政策体系形成和发展的过程，以及中国提出和履行承诺的行动和成就。最后，展望未来，中国将以生态文明思想为指导，携手国际社会加强国际合作，更好地发挥参与者、贡献者和引领者的作用，积极应对气候变化的严峻挑战。

第五节 学习方法和教学安排的建议

气候变化经济学作为一个新兴学科，研究对象高度复杂，涉及领域很广，需要自然科学与社会科学多学科交叉融合，对教师教学和学生学习都提出了较高的要求。在使用本教材进行教学和学习中，希望注意以下问题，以获得更好的效果。

首先，建议本书与“气候变化经济学系列教材”其他书配套使用。系列教材共 9 本，包括导论和减缓、适应、全球治理、碳市场、碳金融、低碳城市等不同主题，相互联系又各有侧重。建议将《气候变化经济学导论》作为先修课程，了解气候变化的基础知识，然后再深入全球气候治理专题，并在学习中根据兴趣参考其他专题的相关内容。

其次，建议不断更新教学内容。气候变化领域学术研究非常活跃，国际气候进程也在不断发展之中。在保持基本框架的同时，教学中引导学生掌握分析方法比简单记忆知识更为重要，可以从 UNFCCC、IPCC 等权威渠道获取最新信息，关注最新的科学认知和国际动态，不断更新教学内容。

再次，建议采取灵活多样的教学方式。围绕气候变化问题仍有很多不确定性，存在不同的观点，讨论和争论有利于澄清一些模糊认识，理解气候变化问题的复杂性。教学中可以采用灵活多样的方式，引导学生在搜集资料深入思考的基础上，开展讨论和争论。例如，可以就课后思考题展开分组讨论，就不同观点开展辩论，也可以组织由学生扮演不同国家的谈判代表，进行模拟气候谈判等。

最后，本书作为全球气候治理教材还需要不断完善。编写组恳请广大读者批评指正，也希望老师和同学在教学和学习实践中积极探索好的方法，为将来教材修订反馈意见和建议。

延伸阅读

1. 秦大河主编：《气候变化科学概论》，科学出版社2018年版。

2.《第三次气候变化国家评估报告》编写委员会：《第三次气候变化国家评估报告》，科学出版社2015年版。

3. 巢清尘：《全球气候治理的学理依据与中国面临的挑战和机遇》，《阅江学刊》2020年第1期。

练习题

1. 如何理解全球气候变化与可持续发展的关系？

2. 气候变化问题的本质特征是什么？

第二章

气候变化与全球治理

讨论气候变化的全球气候治理，需要首先增进对气候变化的科学认识，理解气候变化的事实和影响，包括已经造成的影响和未来变化趋势，深刻认识气候变化对人类可持续发展带来的严峻挑战，以及人类应对气候变化的减缓和适应两大途径。人类对气候变化的科学认知的不断深化，也推动全球气候治理进程不断发展和演化。

第一节　科学认识气候变化及其影响

气候变化科学经历了一百多年的发展，逐渐形成了一个基于科学观测与分析的学科体系。气候系统是复杂的，目前我们对气候变化的认知仍存在不确定性。当代气候变化科学着重指出，人类活动排放的温室气体是导致当前全球变暖的主要原因，全球变暖已经并将继续给人类社会发展和生存环境带来风险，人类必须及时采取减缓和适应措施以实现可持续发展。在气候变化的科学研究中，联合国政府间气候变化专门委员会（IPCC）是专门评估与气候变化相关科学、影响和对策的国际机构。1988 年 11 月，世界气象组织和联合国环境规划署联合成立 IPCC。IPCC 下设三个工作组，主要以科学问题为切入点，对全世界范围内现有的与气候变化有关的科学、技术、社会、经济方面的资料和研究成果做出评估。2013 年以来，IPCC 先后发布了其第五次评估报告（AR5）的系列内容，系统评估了气候变化的事实、归因、未来趋势、影响和减缓等，为公众和决策者认知气候变化提供了翔实的资料，同时也为科学应对气候变化提供了参考。

一 气候变化事实

随着地球气候系统各要素资料的不断累积，观测手段的丰富，数据处理能力的不断提高，IPCC 历次报告为我们提供的气候变化的信息越来越全面和确凿。从 IPCC 第一次评估报告（FAR）至第五次评估报告，评估的内容已从先前的地球表面温度、低层大气温度、海平面高度和温室气体浓度几个方面逐步扩展到 AR5 的气候系统五大圈层数十项指标。在过去几十年，观测系统的发展，特别是卫星平台系统的发展，使得对地球气候的观测范围在数量级上增加了几倍。同时，对空间和时间特征描述的增加，也进一步降低了对气候系统认识的不确定性。另外，器测观测前历史自然档案以及树轮、深海沉积物岩芯和冰芯等气候代用资料的研究，提供了历史时期从区域到全球尺度气候和大气成分变率的信息。这些都为深入认识和理解气候变化提供了重要信息。

自 2007 年 IPCC 第四次评估报告发布以来，卫星等更多观测资料的大量使用，为分析气候变化观测事实提供了更多信息来源，近百年全球变暖的事实已从多个角度得到了进一步印证。气候系统的变暖是毋庸置疑的。据 AR5 的评估结果可见，自 1950 年以来，观测到的地球系统的许多变化在几十年乃至上千年时间上都是前所未有的。大气和海洋已变暖，积雪和冰量已减少，海平面已上升，温室气体浓度已增加。1880—2012 年全球地表平均温度约上升了 0.85℃；与 1850—1900 年相比，2003—2012 年这 10 年的全球地表平均温度上升了 0.78℃。1950 年以来，已观测到了许多极端天气和气候事件的变化。近 40 年来海洋持续增暖。气候系统所吸收的热量中有 90% 以上储存在海洋中。近 20 年来格陵兰冰盖和南极冰盖已经且正在损失冰量，全球冰川普遍出现退缩。19 世纪中叶以来的海平面上升速率比过去两千年来的平均速率高。自 20 世纪 70 年代初以来，冰川损失和因变暖导致的海洋热膨胀，两者在全球平均海平面上升问题上贡献率为 75%。二氧化碳、甲烷和氧化亚氮的大气浓度至少已上升到过去 80 万年以来前所未有的水平。根据世界气象组织（WMO）的观测结果，2019 年全球大气二氧化碳平均浓度达到创纪录的 410.5ppm，比工业化前水平升高了 48%。

二 气候变化的驱动因子

一般认为，引起气候变化的驱动因子包括自然和人为两个方面。自然因子主要包括火山爆发、太阳活动以及气候系统内部如厄尔尼诺、温盐环流等因素的变化。人为因子主要包括人类活动，如燃烧化石燃料导致的温室气体排放、土地利用等下垫面的改变和人为气溶胶排放等。在过去的20多年里，随着观测资料的增加、检测归因方法和技术的进一步完善以及气候模式的不断发展，对气候变化原因的认识逐渐深化。在20世纪80年代，全球变暖可能还是一种假说，到了90年代，有了比较充足的科学证据说明人类活动影响气候，近几年证据则更多、更清晰。

改变地球能量收支的自然和人为物质与过程是气候变化的驱动因子。辐射强迫量化了与1750年相比在2011年由这些驱动因子引起的能量通量的变化。正辐射强迫值导致地表变暖，而负辐射强迫值导致地表变冷。AR5表明当前全球总辐射强迫是正值，并导致了气候系统的能量吸收。人为辐射强迫值通常用来定量表示人类活动对气候系统影响力的大小。AR5给出的人为辐射强迫最佳估值为2.4瓦/平方米（范围在1.8—3.0瓦/平方米之间），而IPCC第四次评估报告的最佳估值为1.6瓦/平方米（范围在0.6—2.4瓦/平方米之间）。相对于1750年，2011年总人为辐射强迫值为2.29瓦/平方米，自1970年以来其上升速率比之前的各个年代更快。与IPCC第四次评估报告相比，AR5得出的人为辐射强迫强度值增加了50%。这说明人类活动对气候系统的影响在进一步增强。自IPCC第四次评估报告发布以来，有关人类活动对气候系统影响作用的证据不断增加和增强，新的观测数据和气候模式模拟结果进一步支持了IPCC第四次评估报告的评估结果，对人为变暖的检测归因分析也从全球尺度细化到了区域尺度，同时，在水循环以及极端气候事件的变化中也进一步检测到了人类活动影响的信号。人类活动极可能（即95%以上的可能性）导致了20世纪50年代以来的大部分（50%以上）全球气候变暖。从大气中温室气体浓度增加、正辐射强迫、观测到的变暖以及对气候系统的理解均清楚地表明人类对气候系统的影响是明确的。

三　未来全球气候系统的变化趋势

未来气候的变化是科学界、决策者和公众共同关心的重要问题，尤其是十年到百年时间尺度上的气候变化预估。当前预估未来气候变化的主要工具是气候系统模式。气候系统模式是根据一套描述气候系统中存在的各种物理、化学和生物过程及其相互作用的数学方程组而建立的。自IPCC第一次评估报告发布以来，随着对气候系统中各种物理、化学、生态过程和它们之间相互作用的认识与理解程度的不断深化，以及计算机运算能力的不断提升，气候系统模式的发展取得了长足的进步，模式也变得越来越庞大和复杂。模式已从 20 世纪 70 年代简单的大气环流模式发展到目前耦合了大气、海洋、陆面、海冰、气溶胶、碳循环等多个模块的复杂气候系统模式。动态植被和大气化学过程也陆续被耦合到气候系统模式中，发展为地球系统模式。这些模式无论在物理过程还是在模式的分辨率上都较以前的模式有了显著的提高。这些改进有助于提高未来气候变化预估结果的可靠性。

每一次 IPCC 评估报告都提供一套未来气候变化预估信息。通过与观测结果进行对比，可以评估气候模式及其对近 20 年预估结果的可靠性。虽然气候模式的局限性可能导致预估的气候变化在严重程度、时间以及区域细节上存在不确定性，但其在几十年的发展历程中，能够很好地描述与近代全球气候变暖观测结果相符的图像。观测到的全球平均温度的变化位于所有 IPCC 预估结果的不确定性范围以内，并大致沿着中等排放情景下的预估结果而变化。观测到的大气 CO_2 浓度的变化也在预估范围以内。CH_4 和 N_2O 的浓度变化位于预估范围的较低限处。由此可以认为，在目前的科技发展水平条件下，对未来全球气候变化趋势的预估是合理的。AR5 指出温室气体继续排放将会造成全球进一步增暖，并导致气候系统所有组成部分发生变化。与 1986—2005 年相比，CMIP5 模式预估 2081—2100 年全球平均表面温度上升的可能范围为：0.3℃至 1.7℃（RCP 2.6 情景），1.1℃—2.6℃（RCP 4.5 情景），1.4℃—3.1℃（RCP 6.0 情景），2.6℃—4.8℃（RCP 8.5 情景）。北极地区变暖速度将快于全球平均变暖速度，陆地平均变暖速度将快于海洋。与 1850—1900 年平均值相比，在所有情景下（RCP 2.6 情景除外），21 世纪末全球表面温度变化可能超过 1.5℃。在 RCP 6.0 和 RCP 8.5 情景下，可能超过 2℃。在 RCP 4.5 情景下多半可能超过 2℃。在所有情景下（RCP 2.6 情景除外），2100 年之后仍将持续变暖。变暖将继续表现为年际到年代变率，并且不具有区域一致性。随着全球平均温度上升，日和季节尺度上，大部分陆地区域的极端暖事件将增多，极端冷事件将减少。很可能的是，热浪发生的频率更高，时间更长。偶尔仍会发生冷冬极端事件。

在 21 世纪，全球水循环对变暖的响应不具有一致性变化。干湿地区之间和干湿季节之间的降水差异将会增大，尽管有的区域例外。随着全球平均表面温度的上升，中纬度大部分陆地地区和湿润的热带地区的极端降水很可能强度加大、频率增高。全球海洋将继续变暖。热量将从海表传向深海，并影响海洋环流。在21世纪随着全球平均表面温度上升，北极海冰覆盖将继续缩小、变薄，北半球春季积雪将减少。全球冰川体积将进一步减少。21世纪全球平均海平面将继续上升。与1986—2005年相比，2081—2100年全球平均海平面上升区间可能为：0.26—0.55米（RCP 2.6情景），0.32—0.63米（RCP 4.5情景），0.33—0.63米（RCP 6.0情景），0.45—0.82米（RCP 8.5情景）。在所有RCP情景下，由于海洋进一步变暖以及冰川和冰盖进一步的物质损失，海平面的上升速率很可能超过1971—2010年观测到的速率。气候变化将影响碳循环过程，加剧大气中二氧化碳浓度的上升。在所有四个RCP情景下，到2100年海洋将继续吸收人为二氧化碳排放，越高的浓度路径下吸收量越大。海洋对碳的进一步吸收将加剧海洋的酸化。到21世纪末，表层海洋的pH值下降区间在RCP 2.6情景下为0.06—0.07、RCP 4.5情景下为0.14—0.15、RCP 6.0情景下为0.20—0.21、RCP 8.5情景下为0.30—0.32。21世纪末期及以后时期的全球平均地表变暖主要取决于累积二氧化碳排放。即使停止二氧化碳排放，气候变化的许多方面将持续许多世纪。

四　气候变化的影响和适应

当前的气候变暖已对全球的水资源、生态系统、粮食生产和人类健康等自然生态系统和人类社会产生广泛影响。而未来气候变化将可能导致更为广泛的影响和风险。IPCC AR5评估了气候变化对水资源、生态系统等11个领域和亚洲、欧洲等9大区域（大洲）自然生态系统与人类活动的影响，同时考虑不同领域和不同区域的适应潜力，预估了采取不同水平的适应措施后所面临的风险，并提出相应的适应措施①。总体来讲，相对工业化前温度升高1℃，全球所处的气候风险处于中等至高风险水平；温度升高超过4℃全球将处于高或非常高的风险水平。随着温室气体浓度的增加风险将显著增加，21世纪许多干旱亚热带区域的可再生地表和地下水资源将显著减少，部门间的水资源竞争恶化。温度每升高1℃，全球受水资源减少影响的人口将增加7%。21世纪生态

① 巢清尘、刘昌义、袁佳双：《气候变化影响和适应认知的演进及对气候政策的影响》，《气候变化研究进展》2014年第3期。

系统将面临区域尺度突变和不可逆变化的高风险，如寒带北极苔原和亚马孙森林；21世纪及以后，气候变化加之其他压力，大部分陆地和淡水物种面临更高的灭绝风险。如果适应行动不到位，局地温度比20世纪后期升高2℃或更高，预计除个别地区可能会受益外，气候变化将对热带和温带地区的主要作物（小麦、水稻和玉米）的产量产生不利影响；到21世纪末粮食产量每10年将减少0—2%，而预估的粮食需求到2050年则每10年将增加14%。海岸系统和低洼地区未来将更多受到海平面上升导致的淹没、海岸洪水和海岸侵蚀等不利影响。由于人口增长、经济发展和城镇化，未来几十年沿岸生态系统的压力将显著增加；到2100年，东亚、东南亚和南亚的数亿人口将受影响。气候变暖将恶化已有的健康问题，影响人类健康，加剧很多地区尤其是低收入发展中国家人民的不良健康状况。对于大多数经济部门而言，升温2℃左右可能导致全球年经济损失占其收入的0.2%—2.0%。许多全球的风险集中出现在城市地区，而农村地区则更多面临水资源短缺、食物安全和农业收入的风险。

灾害风险管理是适应气候变化的重要途径，可以通过政治、经济和社会转型推动减缓、适应和可持续发展，构建具有气候恢复力的发展路径。人类和自然系统未来的脆弱性、暴露度和响应的不确定性均比区域气候预估的不确定性大，并已经被纳入未来风险评估。未来可通过灾害风险管理，减少暴露度和脆弱性，增强自然系统和人类社会恢复能力。具有气候恢复力的发展路径是适应与减缓相结合的可持续发展之道，可通过迭代过程确保有效的风险管理得以实施和持续。减缓与适应可能存在显著的协同作用或权衡取舍。对于已经和即将发生的不利影响，适应的效果更为显著，但控制长期风险必须强化减缓，近期关于减缓和适应的选择将对整个21世纪的气候变化风险产生重要影响。

五　减缓气候变化

气候变暖是人类共同面临的严峻挑战，需要国际社会共同应对。针对气候变暖的主因，在未来几十年内，需要采取更广泛和有力度的措施降低人类活动产生的温室气体排放。如不采取积极有效措施，全球温室气体排放量将继续增长。从长远看，越早采取有效的减缓措施，经济成本越低，减缓效果越好。AR5指出，1970年至2010年期间，人类活动引起的温室气体排放总量呈持续增加趋势，而2000—2010年较之前是排放绝对增幅最大的时期。虽然减缓气候变化政策的数量不断增加，但与 1970 年至 2000 年时期每年增加 0.4 $GtCO_2$ 当量排放量相比，2000 年至 2010 年温室气体年排放量每年平均增加了 10 $GtCO_2$ 当量，2000—2010 年是排放绝对增幅最大的时期，年均温室气体排放增速从 1970—2000 年的 1.3% 增加到了 2.2%。2000 至 2010 年期间人为 GHG 排放总量成为人类历史上的最高值并于 2010 年达到了 49（±4.5）$GtCO_2$ 当量。1970—2010 年的人为 CO_2 累积排放约占总历史累积排放量（1750—2010 年）的一半。在全球范围内，经济和人口的增长继续成为因化石燃料燃烧导致的 CO_2 排放增加的最重要的两个驱动因子。基于对 900 个减缓情景的评估，建立了不同浓度情景和温升之间的关系，AR5 指出“450 ppm CO_2 当量浓度情景很可能（>66% 的可能性）将 2100 年的温升控制在相对工业化前 2℃ 以内”[①]。“实现将温升控制在 2℃ 范围内的全球长期目标需要大规模改革能源系统并改变土地使用方式，其中 CO_2 移除技术（CDR）将成为关键的技术手段。”

第二节　科学认知不断推进全球治理进程

气候变化问题是当今国际社会普遍关注的全球性环境问题之一。全球应对气候变化不仅涉及科学问题，也是国际政治经济需要共同面对的问题。IPCC 通过综合评估全球范围内气候变化领域的最新研究成果，为全球治理提供科学依据及可能的政策建议。IPCC 历次评估报告都成为气候变化国际谈判的重要科学支撑，对推动谈判进程发挥着重要作用。IPCC 评估报告不仅为各国政府制定相关的应对气候变化政策与行动提供了科学依据，作为气候变化科学阶段性成果的总结，为普通公众了解气候变化知识提供重要途径。

一　IPCC 在科学基础上支撑了国际气候治理

IPCC 至今发表的五次评估报告关于气候系统的变化、变化的归因、气候变化的风险、适应气候变化的紧迫性以及实现温控目标的路径等结论越来越聚焦于公约目标的实现。从二者的动态进程来看，IPCC 在科学基础上支撑了国

① 邹骥、滕飞、傅莎：《减缓气候变化社会经济评价研究的最新进展——对 IPCC 第五次评估报告第三工作组报告的评述》，《气候变化研究进展》2014 年第 10 期。

际气候治理。IPCC 第一次评估报告于 1990 年发布。该报告第一次系统地评估了气候变化科学的最新进展，并从科学上为全球开展气候治理奠定了基础，从而推动 1992 年联合国环境与发展大会通过了旨在控制温室气体排放、应对全球气候变暖的第一份框架性国际文件《联合国气候变化框架公约》（以下简称《公约》），明确了公约第二条。1995 年发布的 IPCC 第二次评估报告（SAR）尽管受到了部分质疑，但却为 1997 年《京都议定书》（Kyoto Protocol，简称《议定书》）的达成提供了科学支撑。IPCC 第三次评估报告（TAR）开始分区域评估气候变化影响，相应的，在 UNFCCC 的谈判中适应议题也逐渐被提高到和减缓并重的应对气候变化途径。2007 年发布的 IPCC 第四次评估报告（AR4）开始将温升和温室气体排放结合起来，综合评估了不同温室气体浓度下未来的气候变化趋势，为 2℃被作为应对气候变化的长期温升目标奠定了科学基础，尽管 2009 年达成的《哥本哈根协议》并不具备法律效力，但经此之后 2℃温升目标被国际社会普遍承认。2014 年完成的 IPCC 第五次评估报告（AR5）进一步明确了全球气候变暖的事实以及人类活动对气候系统的显著影响，为巴黎气候变化大会顺利达成《巴黎协定》奠定了科学基础。《巴黎协定》首次凝聚全球各种力量，推动各国共同努力实施绿色低碳的可持续发展路径。

从具体内容来看，IPCC 通过历次评估过程对不同科学问题的认知不断强化，为国际气候治理奠定科学基础，开拓新的方法和路径（图 2 - 1）。IPCC 报告，一是进一步明确了应对气候变化的科学基础和紧迫性。从最初的地表温度、海平面高度、温室气体浓度几个要素扩展到气候系统五大圈层几十个气候指标，确认了全球气候系统变暖事实毋庸置疑，并且未来气候系统将继续变暖这一认识。二是从归因的角度强化了 20 世纪中叶以来全球变暖的主要原因是人类活动，强化了减少人为排放的必要性。除了地表温度、海平面高度、积雪和海冰等要素外，一些极端气候事件变化中也检测出人类活动的干扰，并且对人类活动干扰的信度不断提高。三是对气候变化影响和风险的认识进一步夯实了 2℃温升目标的重要性。从全球尺度的影响到区域尺度、行业领域范围，给出了从 1℃到 4℃不同温升目标下的八类关键风险。四是适应气候变化既有大量机会，也存在赤字。这种局限性为损失与损害谈判提供了理论基础，并且适应问题的普遍性和区域性，对“共区”原则落实产生影响。五是不断聚焦《公约》提出的实现可持续目标的转型路径。给出了实现 2℃温升目

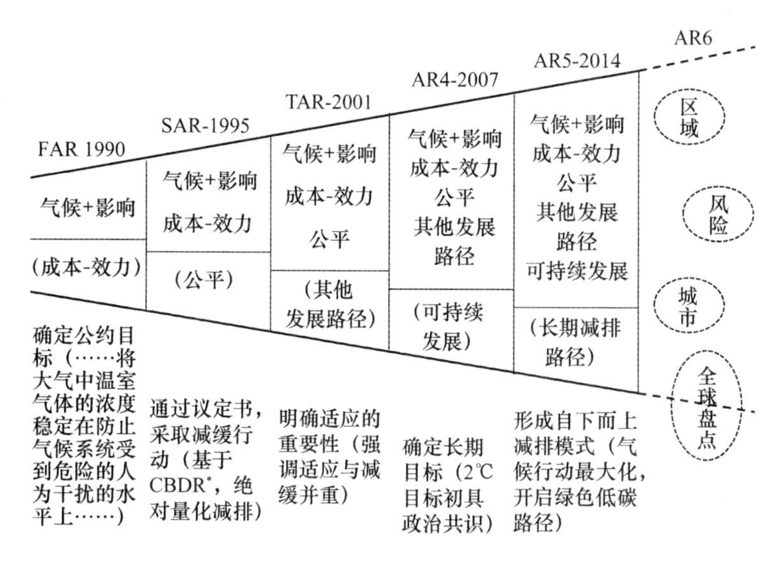

图 2－1　IPCC 历次报告的主要内容及其与 UNFCCC 重要进程的关系

注：＊共同但有区别责任原则。

资料来源：张永香、巢清尘、李婧华：《气候变化科学评估与全球治理博弈的中国启示》，《科学通报》2018 年第 23 期。

标的总体产业、技术布局，社会经济成本，以及支持实现路径转型的体制与政策选择。

IPCC 的五次评估报告中还提出了一些具有重要价值的概念和具体的实施手段。如第二次评估报告提出了采用碳市场机制促进全球减缓合作的设想。第三次评估报告试图回答一些重要问题，诸如：发展模式将对未来气候变化产生怎样的影响，适应和减缓气候变化将怎样影响未来的可持续发展前景，气候变化的响应对策如何整合到可持续发展战略中去，2016 年后为满足《巴黎协定》目标，IPCC 又开展了 1.5℃ 风险和实现路径的评估。提出建立一个有效的碳预算综合管理框架，努力避免人为温室气体排放导致气候系统危害，并利用其科学和政策的双重内涵，来推动谈判进程和加大行动力度，在新型气候治理模式下推动全球减排目标的实现。

二　IPCC 与国际气候谈判的互动方式

从认知共同体理论出发，科学评估对国际气候谈判的影响路径主要表现在政策创新、政策扩散、政策选择和政策支持[①]。IPCC 作为气候变化领域最具国际影响力的科学评估组织，其国际影响主要通过知识的设计和生产、知识的传播、知识的消费/接受三种途径。IPCC 历次评估报告结论对联合国气候谈判进程产生了重要影响，体现为科学与政治的紧密性与独立性相伴而行。首先，IPCC 的科学研究为国家间气候谈判的政治和利益博弈提供问题维度和争辩领域，即 IPCC 的评估报告被作为国际气候谈判中利益角逐的前提条件。其次，IPCC 研究推动全球气候治理的共识形成并为不断演进的国际气候治理进程提供科学支撑，同时联合国气候谈判从需求侧为气候变化科学研究划重点。最后，在气候谈判中，IPCC 的研究成果无法保持完全独立性，一定程度上会受到政治博弈的影响。这种互动影响关系可以分为积极互动与消极互动两种类型。积极互动又包括从催生模式到推动模式以及两者相互配合的模式。而消极互动模式中，存在三种发展方向，即并行发展模式、否定模式和相互破坏模式。

延伸阅读

1. 秦大河主编：《气候变化科学概论》，科学出版社 2018 年版。

2. Bolin，B.，*A History of the Science and Politics of Climate Change*：*The Role of the Intergovernmental Panel on Climate Change*，Cambridge University Press，2007.

3. IPCC，Climate Change 2014：Synthesis Report，Contribution of Working Groups I，II，and III to the Fifth Assessment Report of the Intergovernmental Panel on Climate Change，IPCC，Geneva，Switzerland，2014.

练习题

1. 什么是气候变化？天气与气候的区别是什么？

2. 在气候系统中那些证据说明全球变暖了？气候变化的未来趋势是什么？

3. 气候变化科学进步如何促进全球气候治理进程？

---

① 董亮：《全球气候治理中的科学与政治互动》，世界知识出版社 2018 年版。

第三章

全球气候治理的主要平台和机制

全球气候治理是以各主权国家为主，多个利益相关方共同参与，通过气候公约机制和公约外机制，共同应对气候变化的国际合作模式。应对气候变化，控制温室气体排放从某种角度看可能限制发展空间，影响各国的经济利益和政治利益，但也可能成为国际合作的重要领域。人类社会应当理性地通过国际制度安排应对气候变化，明确各国应承担的责任，推动国际合作，实现人类社会发展与保护全球气候的共赢。1979 年世界气象组织（WMO）召开第一次世界气候大会，呼吁保护全球气候，1990 年联合国气候谈判拉开帷幕，人类应对气候变化进入了制度化、法律化的轨道。应对气候变化的国际合作机制，主要分为《联合国气候变化框架公约》（以下简称《公约》）机制和气候公约外机制两大类，公约外机制包含定期的或不定期的、国际的或区域性的、行业性的或专业性的多种机制。所有的这些机制因其不同的定位和功能，在应对气候变化国际合作中体现了不同的作用。

全球气候治理的参与方包括《公约》缔约方、政府间组织和非国家行为体等（图 3－1）。《公约》缔约方是主要参与方和治理主体，在考虑本国诉求和发展情况的条件下，通过气候谈判参与全球气候治理；政府间组织的功能是协调各国利益，以《联合国气候变化框架公约》秘书处（UNFCCC）为核心，同时也包括联合国政府间气候变化专门委员会（IPCC）、联合国环境署（UNEP）、清洁能源部长会议（CEM）等相关组织；非国家行为体包括与应对气候变化相关的非政府组织（NGO）、社会团体、企业以及个体等，它们一方面积极参与国际谈判等气候治理活动，影响政府决策；同时也是全球气候治理行动的主要承担者。

全球气候治理机制的核心是《联合国气候变化框架公约》，在明确气候变

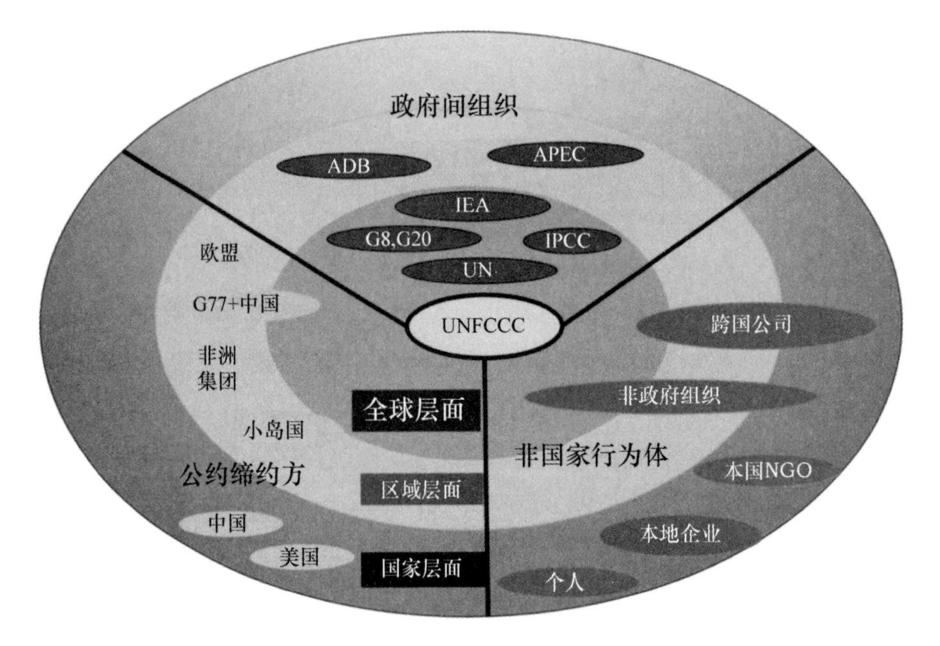

图 3－1　全球气候治理的参与方

化问题的科学性并达成一致共识的基础上，各主权国家在公约秘书处的协调下，按照“共同但有区别责任”和“各自能力”原则开展气候谈判，并辅以公约外的政治、经济、技术机制，主权国家、政府间国际组织和非国家行为主体多方参与，逐渐形成多层多圈、多主体博弈的复杂格局，并通过相互影响、合作，共同推动实现全球气候治理目标。

第一节　《联合国气候变化框架公约》及相关机制

一　《联合国气候变化框架公约》进程及主要节点

随着气候极端事件的增多，科学研究对气候变化问题的逐渐深入，国际社会越来越深刻地认识到由于人类活动所产生的温室气体排放已经威胁到人类社会的安全与发展。温室气体排放是局部的，但排放后果却是全球性的。为了有效应对全球气候变化，国际社会从 20 世纪 70 年代开始，试图通过国际协作应对全球气候变化问题。通过多方努力，在1992年的联合国环境与发展大会上通过了《联合国气候变化框架公约》（以下简称《公约》），并由与会的154个国家以及欧洲共同体的元首或高级代表共同签署，1994年3月正式生效，奠定了世界各国紧密合作应对气候变化的国际制度基础。

《公约》的目标是“将大气中温室气体的浓度稳定在防止气候系统受到危险的人为干扰的水平上”，并明确规定发达国家和发展中国家之间负有“共同但有区别的责任”，即各缔约方均有义务采取行动应对气候变化，但发达国家对气候变化负有历史和现实的责任，应承担更多义务；发展中国家的首要任务是发展经济、消除贫困，但也需要采取措施降低温室气体排放，走低碳发展的路径。

由于《公约》只是一般性地确定了温室气体减排目标，没有明确的阶段性目标。因此，第一次《公约》缔约方大会（1995年召开）决定进行谈判以达成一个有法律约束力的议定书，并于1997年在日本京都召开的《公约》第三次缔约方大会达成了具有里程碑意义的《〈联合国气候变化框架公约〉京都议定书》（以下简称《京都议定书》）。《京都议定书》，首次为附件Ⅰ国家（发达国家与经济转轨国家）规定了具有法律约束力的定量减排目标，并引入排放贸易（ET）、联合履约（JI）和清洁发展机制（CDM）三个灵活机制；2007年，印度尼西亚巴厘岛召开的《公约》第13次缔约方会议，达成《巴厘行动计划》，勾画了构建2012年后国际气候制度的路线图和基本框架，也将游离于国际合作之外的美国拉回谈判轨道。2011年，南非德班召开的第17次缔约方会议形成德班授权，开启了2020年后国际气候制度的谈判进程，并同时讨论如何增强2020年前减排行动的力度；2012年卡塔尔多哈召开的《公约》第18次缔约方会议明确执行《京都议定书》第二承诺期，包括美国在内的所有缔约方就2020年前减排目标、适应机制、资金机制以及技术合作机制达成共识，并形成长期合作行动工作组决议文件。2015年巴黎会议，在包括美国、中国在内的各方大力推动下达成《巴黎协定》，基本明确了2020—2030年期间国际气候治理的制度安排和国际气候治理的合作模式。2019年西班牙马德里举行的第25次缔约方会议，通过了除《巴黎协定》第六条“碳市场”相关内容之外的《巴黎协定》其他议题的实施细则，进一步明确《巴黎协定》及其目标的实现路径与方案。《公约》历届缔约方会议及主要成果描述见表3-1。

专栏3－1　《公约》进程及重要节点

年份	缔约方会议	举办地	主要成果	里程碑事件
1995	COP1	德国柏林	德国柏林缔约方大会通过了“柏林授权”，为推进《气候变化框架公约》的实施，决定开启一个有法律约束力的议定书的谈判进程，进一步明确《公约》实施的阶段性目标	
1996	COP2	瑞士日内瓦	瑞士日内瓦缔约方大会依据“柏林授权”，就“议定书”草案进行磋商，但未达成共识。会议授权第三次缔约方大会继续开展磋商	
1997	COP3	日本京都	日本京都缔约方大会达成了《京都议定书》，进一步细化和明确发达国家缔约方的减排目标和责任，国际气候治理进程跨入具有明确阶段性减排目标和减排责任的实质性阶段	达成《京都议定书》
1998	COP4	阿根廷布宜诺斯艾利斯	阿根廷布宜诺斯艾利斯缔约方大会达成《布宜诺斯艾利斯行动计划》。《计划》重申了“共同但有区别的责任”原则，并授权第六次缔约方大会就《京都议定书》实施细则进行磋商，为《京都议定书》的实施规划了路径	
1999	COP5	德国波恩	德国波恩缔约方大会就《京都议定书》生效条件以及实施细则进行磋商，包括议定书生效的具体约束条件、京都三机制、履约程序、碳汇抵消方式等议题，并且明确了第六次缔约方会议的主要任务和中心议题	
2000	COP6	荷兰海牙	荷兰海牙缔约方大会主要就落实《京都议定书》减排目标的具体措施开展磋商，以推动发达国家履行其在《京都议定书》下做出的减排承诺。本次会议没有达成共识，会议授权在2001年举行续会，就履约等相关内容继续进行谈判磋商	

续表

年份	缔约方会议	举办地	主要成果	里程碑事件
2001	COP6－2	德国波恩	德国波恩缔约方大会达成了《波恩协议》，《协议》为推动《京都议定书》的生效奠定了政治基础和条件。本着“共同但有区别的责任”原则，达成了《京都议定书》一系列实施细则，国际气候治理进程取得了突破性进展	达成《〈京都议定书〉实施细则》
2001	COP7	摩洛哥马拉喀什	摩洛哥马拉喀什缔约方大会对第六次缔约方会议续会遗留下来的《京都议定书》三机制、遵约程序和碳汇问题，达成一揽子解决方案，并且在发达国家向发展中国家提供资金援助方面取得较大进展。本次会议后，《京都议定书》进入各缔约方国内批准条约的关键阶段	
2002	COP8	印度新德里	印度新德里缔约方大会通过了《德里宣言》，强调在可持续发展框架下开展应对气候变化工作，可持续发展、减少温室气体排放都是各缔约方的重要任务。《宣言》重申了《京都议定书》的目标，敦促发达国家在2012年底整体温室气体排放相比1990年减少5.2%	
2003	COP9	意大利米兰	意大利米兰缔约方大会通过了多项决定。会议就清洁发展机制中森林碳汇管理项目的方式和范围达成共识，并就气候变化特别基金和最不发达国家基金用于支持技术转让、适应项目做出安排	
2004	COP10	阿根廷布宜诺斯艾利斯	阿根廷布宜诺斯艾利斯缔约方大会通过了《关于适应和应对措施的布宜诺斯艾利斯工作方案》，该方案将就影响、脆弱性和适应气候变化所涉科学、技术和社会经济问题做出工作安排，帮助各缔约方开展适应气候变化的行动和措施。会议要求各国政府采取政策措施履行其在《公约》和《京都议定书》下的承诺	

续表

年份	缔约方会议	举办地	主要成果	里程碑事件
2005	COP11	加拿大蒙特利尔	2005年2月16日，《京都议定书》正式生效。加拿大蒙特利尔缔约方大会举行了第一届《京都议定书》缔约方大会。本届会议由于清洁发展机制和欧洲排放贸易体系等市场机制的实施，吸引了大量工商业机构的关注。大会授权启动《京都议定书》第二承诺期谈判工作	《京都议定书》生效
2006	COP12	肯尼亚内罗毕	肯尼亚内罗毕缔约方大会达成"内罗毕工作计划"，该计划旨在提升发展中国家适应气候变化的能力，降低气候变化对发展中国家经济、社会产生的负面影响。会议授权在《京都议定书》下成立"适应基金"，支持发展中国家开展适应气候变化的相关活动	
2007	COP13	印尼巴厘岛	印尼巴厘岛缔约方大会达成"巴厘路线图"，旨在通过《京都议定书》第二承诺期特设工作组和长期合作行动特设工作组（包括美国）"双轨"谈判，明确2012年后国际气候制度。按照路线图授权，缔约方需力争在2009年COP15会议上完成谈判	通过《巴厘行动计划》
2008	COP14	波兰波兹南	波兰波兹南缔约方大会启动了《京都议定书》下的"适应基金"。同时，会议在适应、资金、技术、REDD*以及灾害管理等问题上取得了进展	
2009	COP15	丹麦哥本哈根	按照"巴厘路线图"授权，丹麦哥本哈根缔约方大会应力争完成2012年后国际气候制度的谈判，在会议的最后阶段由部分主要经济体（包括发达国家与发展中国家）谈判达成"哥本哈根协议"，但该协议并未在缔约方大会上获得通过，而成为"灰色协议"。"哥本哈根协议"中缔约方减排目标由《京都议定书》自上而下的方式变成了自下而上的各国自主提出目标的模式	形成《哥本哈根协议》

续表

年份	缔约方会议	举办地	主要成果	里程碑事件
2010	COP16	墨西哥坎昆	墨西哥坎昆缔约方大会达成涉及多项议题的“坎昆协议”，包含和反映了“哥本哈根协议”中的政治共识，在减缓、适应、资金、技术等问题上均取得进展。坎昆会议将灰色文献“哥本哈根协议”中的共识内容体现在“坎昆协议”中，在法律层面上巩固了共识，各方将以此为基点推进后续谈判。	
2011	COP17	南非德班	南非德班缔约方大会通过“德班平台授权”。根据该授权，德班平台工作组包含两个方面的谈判内容：其一，建立2020年后的国际气候治理框架，目标是谈判达成关于2020年后的国际气候制度的议定书、法律文件或者具有法律效力的一致结果；其二，主要针对各方如何提高2020年前的减排目标或者减排行动目标开展谈判，以期弥补缔约方全球减排力度与IPCC报告要求不足的问题。授权通过后，国际气候谈判的重心明显向德班授权偏移	通过“德班平台授权”
2012	COP18	卡塔尔多哈	卡塔尔多哈缔约方大会基本完成了《巴厘行动计划》双轨谈判的授权，在《京都议定书》这一轨的谈判上通过了《京都议定书》第二承诺期；在包含美国在内的长期合作工作组谈判中通过了长期合作行动工作组决定文件，就2012年到2020年缔约方的减排目标、适应机制、资金机制以及技术合作机制等达成一系列共识	达成“多哈气候之门”（The Doha Climate Gateway）
2013	COP19	波兰华沙	波兰华沙缔约方大会通过了包括REDD以及“损失和损害”等在内的重要决定。会议达成了一个全面的气候协议草案，并成为后续谈判的基础文本，是推动达成《巴黎协定》的关键一步	

续表

年份	缔约方会议	举办地	主要成果	里程碑事件
2014	COP20	秘鲁利马	秘鲁利马缔约方大会对巴黎协定草案的各个要素进行了深入磋商，会议要求缔约方在下一年第一季度提交国家自主贡献预案（INDC），并就提交国家自主贡献预案的基本规则达成共识。本届会议在《巴黎协定》主要要素的磋商中，对适应问题进行了重点关注，突出强调了适应问题在《巴黎协定》中的重要性	
2015	COP21	法国巴黎	法国巴黎缔约方大会通过了《巴黎协定》以及与之配套的相关决议，就减排、适应、资金、技术、能力建设、透明度、全球盘点等问题达成了一份综合的、均衡的全球气候协定，明确了2020年后国际气候制度的基本框架	达成《巴黎协定》
2016	COP22	摩洛哥马拉喀什	摩洛哥马拉喀什缔约方大会就《巴黎协定》实施细则进行了磋商，并在高级别会议上发布《马拉喀什气候与可持续发展行动宣言》，号召缔约方进一步提升减排力度，减小减排差距；提高对发展中国家减缓和适应气候变化行动的支持力度，并再次号召非国家行为体积极开展行动。会议向世界表明，《巴黎协定》的实施在有序推进，应对气候变化的多边合作仍将继续	
2017	COP23	德国波恩	德国波恩缔约方大会是在波恩举办但由太平洋岛国斐济担任主席国的一次特殊的缔约方大会。会议就《巴黎协定》实施细则进行磋商，并就《巴黎协定》授权开展的促进性对话（1/CP.21 第 20 段）即塔拉诺阿对话（Talanoa Dialogue）的组织方式和成果应用做出安排	

续表

年份	缔约方会议	举办地	主要成果	里程碑事件
2018	COP24	波兰卡托维兹	波兰卡托维兹缔约方大会对《巴黎协定》实施细则进行了深入磋商，并在国家自主贡献、透明度、全球盘点以及能力建设、资金、技术等支持方面达成广泛共识，但在“碳市场”问题上存在较大分歧。卡托维兹会议是在美国宣布退出《巴黎协定》后，各方就《巴黎协定》实施细则取得关键共识，维护了全球气候治理多边进程的信心	
2019	COP25	西班牙马德里	西班牙马德里缔约方大会是在马德里举行，但由智利担任主席国的缔约方大会。会议力求全面完成《〈巴黎协定〉实施细则》谈判，但《巴黎协定》第六条“碳市场”相关内容仍未达成共识。为推动《巴黎协定》实施，欧盟于会议期间发布“欧盟绿色新政”（European Green Deal），明确提出欧盟 2050 年实现碳中和的目标，并希望以此推动其他缔约方开展更加积极的行动	

注：REDD，Reducing Emissions from Deforestation and Forest Degradation（降低毁林和森林退化产生的排放）。

二　《联合国气候变化框架公约》框架下的治理机构设置

《联合国气候变化框架公约》为政府间应对气候变化合作，搭建了总体框架。《公约》认为气候系统是全球的公共资源，气候系统的稳定由于工业和其他排放源排放的 CO_2 和其他温室气体受到影响。《公约》下的相关机构按照其职能划分，可以分为四类：决策机构、职能机构、专项工作机制以及主要资金机构和外部支撑机构。

（一）决策机构

《公约》及其下不同时期的执行协议的决策机构都是缔约方会议。除了《公约》缔约方会议，目前还在举行的还有《京都议定书》缔约方会议和《巴黎协定》缔约方会议。

1.《联合国气候变化框架公约》缔约方会议

《联合国气候变化框架公约》缔约方每年都召开缔约方会议（COP）推进全球气候治理进程，自1995年以来已经进行了25次会议。缔约方会议是《公约》的最高决策机构，所有《公约》缔约方都派代表参加缔约方会议。会议的任务是审查《公约》的执行情况以及表决通过缔约方谈判形成的法律文书，并在职责范围内为促进《公约》的有效执行做出必要的决定，包括体制和行政安排。

2.《京都议定书》缔约方会议

《议定书》缔约方会议也在《公约》缔约方会议期间举行。《京都议定书》的缔约方，派代表参加《京都议定书》的缔约方会议，非缔约方可以观察员身份出席《京都议定书》的缔约方会议。《京都议定书》缔约方会议监督《京都议定书》的实施，并就如何提高实施成效，做出相关决定。

3.《巴黎协定》缔约方会议

《巴黎协定》缔约方会议也在《公约》缔约方会议期间举行。所有核准《巴黎协定》的国家，派代表参加《巴黎协定》缔约方会议，未核准《巴黎协定》的国家，可以派代表，以观察员身份参加会议。《巴黎协定》缔约方会议负责监督《巴黎协定》的实施情况，并就推动《巴黎协定》的有效实施通过决议。

（二）职能机构

除了最高决策机构外，在20多年的谈判过程中，《公约》下还建立了一整套职能机构，负责《公约》下日常事务的处理，为缔约方谈判和执行协议提供后勤、技术、服务支撑，落实缔约方会议作出的各项决定。其中最重要的职能机构包括设在德国波恩的《公约》秘书处、《公约》附属科技咨询机构和《公约》附属实施机构，以及负责具体领域工作的各种委员会、工作组。

1.《公约》秘书处

为《公约》谈判、实施提供支持，尤其是支持缔约方会议、附属机构（缔约方会议的智囊团）以及缔约方会议局（主要负责缔约方会议有关的程序和组织事宜，并提供技术支持）开展工作。《公约》秘书处设在德国波恩，目前有员工约450名，这些员工来自100多个国家和地区，文化、专业背景非常多样化。秘书处最初的职能主要是为政府间的气候变化谈判提供便利。目前，秘书处为推动《公约》《京都议定书》《巴黎协定》的实施提供支持，协助分析和评审各缔约方提交的报告、推进《公约》《京都议定书》《巴黎协定》下成立的公众工作机制开展工作。

秘书处每年组织和支持《公约》下谈判活动。其中最大、最重要的年度谈判是一年一度的缔约方会议，缔约方会议每年轮流由不同区域的国家主办，是目前联合国系统最大的年度会议，每次会议的平均参会人数达25000人。除了这些主要会议外，秘书处还组织附属机构的会议以及许多专项会议和培训会议。

2.《公约》附属科技咨询机构[①]

附属科技咨询机构是《公约》下的两个常设附属机构之一。其职能是为《公约》缔约方会议、《京都议定书》缔约方会议和《巴黎协定》缔约方会议有关的科技信息和相关事宜提供咨询和建议。

附属科技咨询机构的主要工作领域包括：气候变化的影响、气候变化的脆弱性和适应性评估，促进气候友好技术的开发和转让，完善国家温室气体排放清单的编写和审查指导细则等。负责开展《公约》《京都议定书》和《巴黎协定》下的方法学工作，促进气候系统的研究和系统观测。此外，附属科技咨询机构是联系IPCC等外部专家团队与缔约方会议之间的桥梁。附属科技咨询机构根据缔约方需求，可以邀请IPCC提供具体信息或编写专题报告，并且和致力于可持续发展这一共同目标的其他国际机构合作。附属科技咨询机构和附属实施机构通常同时开会，每年两次。一次会议在年度缔约方会议期间举行，另外一次通常在位于德国波恩的《公约》秘书处举行。

3.《公约》附属实施机构[②]

附属实施机构通过评估和评审《公约》《京都议定书》以及《巴黎协定》的有效实施进展，推进这些协议的实施。其工作内容包括透明度、减缓、适应、技术、能力建设和资金机制等气候谈判中的主要议题。此外，也负责一些其他重要任务，如召开政府间会议或行政管理、资金和机构方面的事宜。附属实施机构一般每年举行两次会议。一次会议在年度缔约方会议期间举行，另外一次通常与附属科技咨询机构一起在位于德国波恩的《公约》秘书处举行。

---

① Subsidiary Body for Scientific and Technological Advice，SBSTA.

② Subsidiary Body for Implementation，SBI.

（三）公约下成立的专项工作机制

1. 适应委员会①

依据《坎昆适应框架》决定成立的适应委员会，负责在《公约》下，推动适应活动的开展和连续实施。具体职能包括：给各缔约方提供技术支持和指导；传播相关信息、知识，分享经验和成功做法；提升协同效应，加强国家、地区性以及国际机构、中心和网络的参与②；为缔约方会议提供信息和建议，吸取来自成功适应实践的经验，为如何通过资金、技术和能力建设等手段鼓励适应行动提供指导；考察缔约方提交的有关其适应活动的监测和审查、提供和获得的支持方面的信息。

2. 常设资金委员会③

该委员会依据2010年召开的第16次《公约》缔约方会议决议成立，负责执行缔约方会议有关《公约》资金机制方面的职能。包括：提高在提供气候变化融资方面的连贯性、一致性和协调性；资金机制的合理化；筹集资金；计量、报告和核实向发展中国家缔约方提供的支持。委员会的活动包括：每两年对气候资金的流向进行评估和概述；统计并核实对发展中国家提供的援助和支持；为资金机制的信托机构进行指导；建立适应基金同《公约》下其他机制的协同工作机制。

3. 华沙损失和损害国际机制执行委员会④

成立于2013年在波兰华沙召开的《公约》第19届缔约方大会，负责在缔约方大会的指导下，推动损失和损害华沙国际机制的实施，并向缔约方大会汇报进展。该委员会下设四个专家组，分别负责缓慢发生的气候变化影响、非经济损失、气候变化影响引起的被迫人口迁移以及全面风险管理途径四个主题。执行委员会由《公约》缔约方选举的20位成员组成。每年召开两次会议，与附属实施机构会议和COP会议同期举行。

4. 巴黎能力建设委员会⑤

该委员会成立于2015年，负责识别发展中国家能力建设方面缺口和需要，

---

① Adaptation Committee，AC.

② 马欣、李玉娥、仲平、王文涛、刘硕：《联合国气候变化框架公约适应委员会职能谈判焦点解析》，《气候变化研究进展》2012年第2期。

③ Standing Committee on Finance，SCF.

④ Executive Committee of the Warsaw International Mechanism for Loss and Damage.

⑤ Paris Committee on Capacity－building，PCCB.

组织和实施公约下能力建设相关活动。能力建设委员会的责任之一是管理和监督2016—2020的能力建设工作计划，确保《公约》下的能力建设活动的连贯性，协调各方资源推进能力建设活动。能力建设委员会由来自发达国家和发展中国家的12位专家组成。每年召开一次会议，定期向缔约方会议汇报其工作进展和活动。

5. 技术执行委员会①

该委员会成立于2010年，是技术机制的政策部门。它的核心职能是促进低排放和气候变化适应技术的开发和转让。技术执行委员会和气候技术中心与网络共同组成技术机制。随着技术机制的工作重心转向《巴黎协定》，技术执行委员会将在支持各国确定帮助其实现《巴黎协定》气候目标的气候技术政策方面发挥重要作用。

技术执行委员会由来自发达国家和发展中国家的20名技术专家组成。每年召开两次会议，为解决技术政策方面的努力提供支持。技术委员会每年向缔约方会议报告成果和活动。技术执委会的核心工作领域包括：适应技术、气候技术融资、新出现的交叉问题、创新和技术研发与试点、减缓技术、技术需要评估等。技术执行委员会着重创立机制评估和推广那些经过时间检验的、各国可以考虑加以采用以便加快气候行动的技术，促进气候友好技术开发和共享。

6. 气候技术中心与网络②

气候技术中心与网络负责根据发展中国家的要求，推动低碳和气候变化适应技术的加速转让。它根据各个国家的具体情况，提供技术方案、能力建设、以及政策和法规框架建议等。气候技术中心与网络通过提供三种核心服务，推动技术转让：应发展中国家加快气候技术转让方面的要求，提供技术支持；提供气候技术方面的信息和知识；通过中心来自学术机构、私营部门、政府机构和研究机构的地区专家和行业专家网络，促进气候技术利益相关方之间的合作。通过这些服务，气候技术中心与网络旨在克服阻碍气候技术开发和转让的障碍，从而为降低温室气体排放和气候变化的脆弱性；提高当地的创新能力；增加对气候技术项目的投资等创造有利环境。

① Technology Executive Committee，TEC.

② Climate Technology Centre and Network，CTCN.

联合国环境规划署（UNEP）和联合国工业发展组织（UNIDO）是气候技术中心与网络的依托单位，同时由一个伙伴联合体提供支持。气候技术中心与网络由两个部分组成：一个位于丹麦哥本哈根的协调团队，以及一个分布在全球各地的、负责提供服务的机构网络。该网络成员包括国际、地区性和国家成员机构。它们对发展中国家向《公约》秘书处提出的气候技术需求做出响应，并参与气候技术中心与网络的各种会议，提供网上讲座与研讨会、远程教学课程以及其他类型的培训。

7. 遵约委员会①

遵约委员会由两个部门组成：一个是促进性部门，另一个是执行部门。正如其名字所示，促进性部门负责为缔约方提供建议和帮助，促使其履约，而执行部门则负责裁决缔约方不履行其承诺所引起的法律后果。两个分支都是由10个正式成员和10个后备成员组成，包括联合国五个官方地区（非洲、亚太、拉美和加勒比海、中欧与东欧，西欧及其他），每个地区选派一名代表，小岛国集团选派一名代表，附件Ⅰ和非附件Ⅰ缔约方各派出两名代表。

8. 卡托维兹应对措施专家委员会（KCI）②

该委员会于2018年由COP 24波兰卡托维兹大会授权建立，是应对措施论坛的一个组成部分。目的是协助应对措施论坛，实施论坛执行方案，讨论和治理应对气候变化政策措施可能对缔约方产生的社会经济影响。其工作方式包括：通过交流、分享经验和最佳实践来提高认识并加强信息共享；编写技术文件，案例研究，具体示例和指南；接受专家，从业人员和有关组织的意见；组织讲习班，区域能力建设活动等。KCI由14个成员组成，非洲、亚太、拉美和加勒比海、中欧与东欧，西欧及其他，每个区域选派两名代表，最不发达国家一名，小岛屿国家一名，相关政府间组织两名。

9.《公约》非附件Ⅰ缔约方国家信息通报问题专家咨询小组

为了帮助发展中国家缔约方提交国家信息通报和两年一次的更新报告，1999年《公约》缔约方会议决定成立非附件Ⅰ缔约方国家信息通报问题专家咨询小组。2014年《公约》缔约方会议决定将该小组的活动再续5年。该小

① The Compliance Committee.

② Katowice Committee of Experts on the Impacts of the Implementation of Response Measures, KCI.

组是《公约》下为发展中国家缔约方履行其报告义务提供技术支持的专门机构。专家咨询小组通过编写培训资料，组织地区性培训研讨会，帮助各国的专家提高两年一次的更新报告的质量，达到相关决议要求。

10. 最不发达国家专家组①

该专家组成立于2001年，目前负责为最不发达国家制定和实施国家适应计划、编写和实施国家适应行动纲要，以及实施最不发达国家工作计划提供技术指导和支持。最不发达国家专家组还和绿色气候基金秘书处联合，就最不发达国家如何从绿色气候基金申请资金用于编写国家行动计划，提供技术指导和建议。此外，最不发达国家专家组还负责在其工作过程中，促进多种机构的参与。该专家组一般每年举行两次会议，编制工作计划，审查其工作进展。该专家组开展工作的方式多种多样，包括向各国提供技术指导，编写技术指南，发布技术报告，开展培训、研讨会、专家会议、国家适应计划交流会，开展案例研究、整理和分享经验、最佳实践，监督国家适应计划的编写和实施进展等。该专家组和其他机构、工作组合作，提高适应活动的连贯性和协同效应。

此外还有几个《京都议定书》下的专职机构，包括联合履约机制监督委员会（Joint Implementation Supervisory Committee，JISC）、清洁发展机制执行理事会（Clean Development Mechanism Executive Board）、履约委员会（Compliance Committee）以及适应基金理事会（Adaptation Fund Board）等。但随着《京都议定书》第二承诺期的结束时间日渐临近，加上国际上对新的联合履约和清洁发展机制项目需求较低，这些机构目前不太活跃，在本章不做详细介绍。而适应基金将在资金机制里介绍，所以这里也不做单独介绍。本章所介绍的工作机制并不能完全覆盖《公约》《巴黎协定》下建立的所有工作机制，随着全球气候治理进程的推进，一些新的工作机制也在孕育。

（四）主要资金机构和外部支撑机构

1. 全球环境基金②

全球环境基金是《公约》下的一个资金管理信托机构，向发展中国家缔约方的气候变化行动和项目提供资金支持。《公约》缔约方会议定期对全球环

① The Least Developed Countries Expert Group，LEG.

② Global Environment Facility，GEF.

境基金申请和发放资金的政策、重点领域和资格条件提供指导。全球环境基金每年向缔约方会议汇报工作进展，对缔约方会议负责，其年度报告内容包括全球环境基金开展和实施《公约》有关的所有活动。世界银行是全球环境基金的受托管理人，负责全球环境基金信托基金的管理。帮助筹措资金、发放资金、编写有关各项投资的财务报告，监测预算资金和项目资金的申请情况。自1991年成立以来，截至2018年6月30日，全球环境基金已经为位于165个国家的994个气候变化减缓项目提供了56亿多美元的资助。通过这些资金的杠杆作用，吸引了超过470亿美元各种渠道的资金，包括全球环境基金实施机构、国家和地方政府、多边和双边机构，以及私营部门和民间社会的资金，每1美元的全球环境基金资金，能够带动8.41美元的配套资金。[①]

《巴黎协定》规定，受托运行《公约》资金机制的绿色气候基金和全球环境基金，以及全球环境基金负责代管的最不发达国家基金和气候变化专项基金，应为《巴黎协定》服务。《巴黎协定》第九条还指出，服务于《巴黎协定》的机构，包括《公约》资金机制的运营机构，应通过简化审批程序，加强获取资金准备工作的支持，以确保发展中国家缔约方特别是最不发达国家和发展中小岛国有效获取资金。全球环境基金项目由其理事会审批。它对发展中国家的气候活动的资金支持分为两类，一类是划分到各个发展中国家名下的资金支持额度，另外一个是全球范围内征集项目的资金额度。后者不限国家，只要符合相关项目征集要求，都可以申请。

2. 气候变化特别基金[②]

气候变化特别基金和最不发达国家基金，都是依据2001年达成的《马拉喀什协定》成立的基金。根据缔约方会议决定，气候变化专用基金可以资助以下四个领域的项目：（1）适应；（2）技术转让和能力建设；（3）能源、交通运输、工业、农业、林业和垃圾处理；（4）经济多样化项目。该基金应补充《公约》下的其他资金机制。其中，适应气候变化是该基金支持的首要优先领域。作为融资机制的运行机构，全球环境基金获得授权，负责气候变化特别基金的日常运行。

① GEF, Report of the Global Environment Facility to the Twenty - fourth Session of the Conference of the Parties to the United National Framework Convention on Climate Change, August 31, 2018.

② The Special Climate Change Fund, SCCF.

3. 最不发达国家基金[1]

这一基金的成立，是为了支持最不发达国家制定和实施国家适应行动规划。作为《公约》的基金机制的管理机构，全球环境基金受托运行最不发达国家基金。从最不发达国家基金成立到2018年6月30日，该基金已经批准了12.5亿美元资金，用于支持最不发达国家的项目、计划和能力建设活动，拉动了50.7亿美元的配套资金。包括资助了51个国家适应行动规划的编写，批准了212个适应行动规划和适应计划实施项目等。[2]

4. 适应基金[3]

适应基金成立于2001年，真正投入运行是2007年。其职责是为对气候变化特别脆弱的《京都议定书》下发展中国家缔约方的适应项目和计划提供资金支持。适应基金是《公约》下专门为发展中国家的具体适应项目和计划提供资金的唯一多边机制。

适应基金由适应基金理事会负责监管。理事会由16位正式成员和16位候补成员组成。这些成员分别来自附件Ⅰ国家、非附件Ⅰ国家、最不发达国家、发展中小岛国以及联合国五大区代表。理事会每年至少召开两次会议。世界银行是适应基金的信托机构。该基金秘书处设在美国华盛顿全球环境基金秘书处。适应基金的一个独特之处是其直接获取机制，即发展中国家通过授权的国家实施机构和地区性实施机构可以直接获取气候变化适应方面的资助。国家直接获取的资金占其自主比例33%左右。获得适应基金资助的主要是位于亚洲、非洲、拉丁美洲和加勒比海的发展中国家，此外还有少数东欧国家。适应基金的资金来源主要是清洁发展机制项目获得签发的CER的2%和自愿捐赠等。截至2017年6月，适应基金已经筹集了6.5亿美元资金用于支持适应项目和计划，其中包括1.98亿美元来自出售经核证的减排量，4.42亿美元自愿捐赠，以及账户余额信托投资收益。适应基金已经批准了66个适应项目，其中非洲22个，亚洲18个，太平洋5个，拉丁美洲和加勒比海20个，东欧1个。

---

① Least Developed Countries Fund，LDCF.

② GEF，Report of the Global Environment Facility to the Twenty – fourth Session of the Conference of the Parties to the United National Framework Convention on Climate Change，August 31，2018.

③ Adaptation Fund.

在这些项目中，27%属于最不发达国家，18%属于小岛国。[①]

2017年缔约方会议决定，适应基金可以为《巴黎协定》实施服务。这对该基金和受该基金资助的发展中国家来说，是一个重要里程碑，为该基金的长期存在和发展提供了保障。

5. 绿色气候基金[②]

绿色气候基金是应2010年联合国《公约》缔约方大会决定成立的一个新的全球气候基金。绿色气候基金的运行遵循《公约》的原则和规定。作为《公约》下的资金机制，该基金旨在帮助发展中国家减排温室气体，适应气候变化，帮助各国向低碳、气候韧性转型，特别是照顾对气候变化负面影响特别脆弱的国家、最不发达国家、发展中小岛国以及非洲国家的需要。原则上，绿色气候基金提供的资金支持，需要在应对气候变化减缓和适应之间实现相对平衡。绿色气候基金目标是服务《巴黎协定》的实施，推动将全球升温控制在低于2℃的水平上。

应对气候变化需要所有国家的集体行动，需要公共部门和私营部门的积极参与。绿色气候基金2014年的初始资金募集，筹措到103亿美元出资承诺。这些资金主要来自发达国家，也有少数发展中国家、地区出资。绿色气候基金特别关注利用公共投资来撬动私营资金，通过吸引投资，推动温室气体减排和提高缔约方适应气候变化的能力。为了尽可能扩大其影响，绿色气候基金寻求通过杠杆作用，放大其初始资金的影响，为新的投资进入打开市场大门。

第二节 《联合国气候变化框架公约》现阶段执行协议的主要特征

《巴黎协定》是《公约》下现阶段（2020—2030年）的执行协议。该协定于2015年12月在《公约》缔约方第21次会议期间达成，2016年11月4日正式生效。该《协定》内容涵盖各缔约方2020年后的温室气体减排行动及

---

① Adaptation Fund, Helping Developing Countries Build Resilience and Adapt to Climate Change - Mid - term Strategy 2018 - 2022, 2018.

② The Green Climate Fund, GCF.

目标、气候变化适应行动及目标，以及国际合作和支持的机制。它是继《公约》《京都议定书》之后，国际气候治理进程中又一标志性的成果。《巴黎协定》的长远目标是将全球相对于工业革命前温度水平的平均气温升高控制在2℃以内，并努力将温升控制在1.5℃以内，从而大幅度降低气候变化的风险和危害。《巴黎协定》的正文是框架性的，具体实施细则需进一步谈判确定。

一　《巴黎协定》的主要共识

《巴黎协定》是在变化的国际经济政治格局下，为实现气候公约目标而缔结的针对2020年后国际气候制度的法律文件。其确立的制度框架主要包括以下几点。

第一，继续肯定了发达国家在国际气候治理中的主要责任，保持了发达国家和发展中国家责任和义务的区分，发展中国家行动力度和广度显著上升。如前所述，由于国际经济、排放格局的调整，发达国家希望打破南北国家的责任界限，要求所有国家共同承担应对气候变化的责任，形成统一的减排和监测框架，事实上是希望向发展中国家转移应对气候变化的责任和义务。发达国家的立场遭到发展中国家的反对，但后者也展现了很大程度的合作意愿和灵活度。《巴黎协定》最后承认了南北国家之间、国家与国家之间的差距，体现了缔约方责任、义务的区分。基本否定了发达国家希望推动责任趋同的计划。在案文的不同段落中重申和强调了“共同但有区别的责任”原则，为发展中国家公平、积极参与国际气候治理奠定了基础。同时，也拓展了发展中国家开展行动的力度和广度。

第二，采用自下而上的承诺模式，确保最大范围的参与度。《巴黎协定》秉承《哥本哈根协议》达成的共识，由缔约方根据自身经济社会发展情况，自主提出减排等贡献目标。正是因为各国可以基于自身条件和行动意愿提出贡献目标，很多之前没有提出国家自主贡献目标的缔约方也受到鼓励，提出国家自主贡献，保证了《巴黎协定》广泛的参与度，同时也因为是各方自主提出的贡献目标，更有利于确保贡献目标的实现。

第三，构建了义务和自愿相结合的出资模式，有利于拓展资金渠道并孕育更加多元化的资金治理机制。《巴黎协定》继续明确了发达国家的供资责任和义务，照顾了发展中国家关于有区别的资金义务的谈判诉求，既尊重事实，体现了南北国家的区别，也赢得各国（尤其是发展中国家）对于参与国际资金合作的信心。同时，《巴黎协定》还鼓励所有缔约方向发展中国家应对气候变化提供自愿性的资金支持。这些举措将有助于巩固既有资金渠道，并在互信的基础上拓展更加多元化的资金治理模式。

第四，确立了符合国际政治现实的法律形式，既体现约束也兼顾了灵活。气候协议的形式在一定程度上可以表现各国政治意愿和全球环境意识水平。1997 年国际社会达成《京都议定书》，明确了以“议定书”这种相对严格的法律形式执行公约，而到了 2015 年国际社会应对气候变化的能力相对 1997 年有了明显的进步，中、美等排放大国也由相对保守地参与国际气候治理进程转为积极开展应对气候变化行动，应该说各缔约方应对气候变化的意愿加强了，能力也提高了。在此背景下，《巴黎协定》如果不具有法律约束力，将不能满足全球日益提高的环境意识，也不符合各国积极行动的逻辑。因此，《巴黎协定》虽然没有采用“议定书”的称谓，但从其内容、结构到批约程序等安排都完全符合一份具有法律约束力的国际条约的要求，当批约国家达到一定条件后，《巴黎协定》将生效并成为国际法，约束和规范 2020 年后全球气候治理行动。《巴黎协定》没有采用“议定书”的称谓，一方面因为各国的贡献目标没有包括在其正文中，而是放在《巴黎协定》外的“计划表”中，这会导致其功能和作用与议定书有一定差异；另一方面，“协定”的称谓相比“议定书”也会相对简化各国批约的程序，更有助于缔约方快速批约。

第五，建立全球盘点机制，动态更新和提高减排努力。《巴黎协定》建立了每五年一次的全球盘点机制，盘点不仅是对各国贡献目标实现情况的督促和评估，也将可能被用于比较国际社会减排努力和 IPCC 提出的实现 2℃ 乃至 1.5℃温控目标间的差距，并根据差距敦促各国提高自主减排目标的力度或者提出新的自主减排目标。全球盘点机制与《巴黎协定》第 4.3 条“逐步增加缔约方当前的国家自主贡献”共同执行，将使各国提出自主贡献目标后，可以不断提升行动力度，不断审视行动力度充分性，为实现《协定》和《公约》目标提供保障。盘点机制针对的是各国自主贡献目标，因此盘点的执行方式也应该是开放性、促进性的而非强制性的。盘点可以结合透明度规则以及协定的遵约机制，向对于自主贡献目标执行不力或贡献目标太过保守的国家施加压力，促进其提高贡献力度。盘点的机制相对以往达成的气候协议是一种创新，既可以促进、鼓励行动力度大的国家不断发挥潜能升级行动，也可以给目前贡献目标相对保守的国家保留更新目标和加大行动力度的机会，从而促进形成动态更新的、更加积极的全球协同减排和治理模式。

二 《巴黎协定》的主要特征

《巴黎协定》是在新的国际经济政治环境和国际气候谈判的格局下达成的里程碑式的协定，与《公约》下之前达成的协议（如《京都议定书》《哥本哈根协议》《坎昆协议》）相比具有一些新的特点。

一是参与方众多，是开展全球共同行动的典范。在《巴黎协定》下，有188个缔约方提出了“国家自主贡献”，开创了国际合作应对气候变化的新局面。应对气候变化工作，在包括欧盟、美国等缔约方的国家发展议程中已经开始实现由负担向机遇的转型。各国纷纷探索如何通过应对气候变化工作促进经济发展，并形成新的经济增长点。发展中国家则广泛探讨应对气候变化工作如何与经济转型升级、生态环境治理等事务协同，产生最大的经济效益、社会效益和环境效益。所有这些认识的提升、减排意愿的增加、气候治理行动的开展，构成了《巴黎协定》谈判进程中各方共同开展务实行动的基本面，增进了相互信任，也促成《巴黎协定》的谈判最终得以达成共识。《巴黎协定》无疑是全球治理的典范，也是全球合作行动的典范。

二是一份涵盖所有缔约方的，具有法律约束力的国际条约。与《公约》下以往达成的协议相比，《巴黎协定》无论在覆盖面还是在法律约束力等方面都更进一步。回顾《公约》下已经达成的相关协议：《京都议定书》第一承诺期基本涵盖了除美国、加拿大（后期退出）外的所有发达国家和发展中国家；但第二承诺期美国、加拿大、澳大利亚、日本、俄罗斯等发达国家均缺席。因此，即便《京都议定书》是一份具有较强法律约束力的协议，其参与方的全面性还是无法与《巴黎协定》相比。特别是缺乏了美国这样的经济和排放大国，其实际意义大打折扣。《巴厘行动计划》下的一系列缔约方大会决议，也是缔约方在“巴厘路线图”框架下达成的重要协议，中美欧等主要谈判方共同参与、做出承诺，是2020年前的国际气候制度的主要法律文件。但这些缔约方大会产生的决议，由于没有经过缔约方正式签约和国内批约的过程，其法律约束力相比《京都议定书》和《巴黎协定》都要弱，而且在协议形式上也没有满足正式国际条约的要件，因此，这些缔约方大会决议更适合被称为国际法律文件而非国际条约。可以看出，与之前公约下达成的协议相比，《巴黎协定》扩充了《京都议定书》的参与度，涵盖了所有重要的经济体和谈判方；同时，《巴黎协定》还借鉴了《哥本哈根协议》以及《坎昆协议》的谈判经验，融入了包括各国“自下而上”的承诺方式以及资金治理机制等，形成一套形式、要件齐备的国际条约，以具有国际法律约束力的协定的方式凝固共识，为后续谈判奠定法律基础。

三是发展中国家和发达国家共同开展行动、责任共担的国际条约，是发展中国家主动参与度最高的国际多边协议。回顾《公约》谈判历程，主要经历了三个阶段，分别为“京都议定书”“巴厘路线图”和“德班平台”，谈判成果分别为《京都议定书》；“巴厘路线图”下的双轨谈判成果，即“《京都议定书》多哈修正案”和《巴厘行动计划》下形成的一系列缔约方大会决议；“德班平台”下达成的《巴黎协定》。

在《京都议定书》谈判中，发达国家与发展中国家之间，无论从经济发展水平还是排放水平都有着明显的差距，在“共同但有区别的责任”原则指导下，国际气候治理体现了明确的发达国家和发展中国家“二分法”。发达国家不仅要率先减排，还要为发展中国家提供资金、技术、能力建设，帮助发展中国家应对气候变化。《京都议定书》下发达国家的减排目标具有强法律约束力，如果未能实现目标还有相应的惩罚机制。考虑到发展中国家经济社会发展的优先性，《京都议定书》并未对发展中国家提出减排要求，发展中国家自然也不承担任何违约责任。

“巴厘路线图”确立的双轨谈判，一方面通过达成“多哈修正案”，更新了缔约方的减排目标，延续了《京都议定书》“二分法”的治理模式（美国、俄罗斯、澳大利亚等国没有参与《京都议定书》第二承诺期）；一方面在建立了包括欧盟、美国、俄罗斯、澳大利亚等发达国家以及发展中国家的长期合作行动特设工作组，各国按照《哥本哈根协议》确立的“自下而上”承诺方式，提出各自减排目标，这也是发展中国家自缔结《公约》以来首次以自愿的方式提出减排或者限制排放的目标。其中，包括中国在内的发展中国家减排目标都是与来自《公约》或者发达国家的相关资助挂钩的①，是一种条件式或者被

① http://unfccc.int/files/meetings/cop_15/copenhagen_accord/application/pdf/chinacphaccord_app2.pdf，2010-01-28.

动式的目标。

“德班平台”谈判最终达成了《巴黎协定》，几乎所有的缔约方都提出了包括其减排、限排目标在内的国家自主贡献。贡献的记载方式，也不再像《京都议定书》和《巴厘行动计划》谈判成果那样，将发达国家和发展中国家的减排目标和减排行动目标分列在《公约》下的两个信息文件中，而是统一放在秘书处建立的登记簿系统中，并且可能适用同样或者非常近似的审评和盘点规则。由此可见，发展中国家在国际气候治理中的责任担当呈现出逐步加强的趋势。中国在《巴黎协定》的提案中关于“南南合作”的提议，更是发展中大国主动作为的体现。《巴黎协定》已经让国际社会看到了发展中国家和发达国家共同开展行动、共担责任的趋势。这也成为《巴黎协定》开启国际气候治理新范式的标志。

四是可能成为执行力最强，执行效果最好的气候协议。与《哥本哈根协议》不同，《巴黎协定》不仅完成了协定主体框架和内容的构建，还是一份具有国际法律约束力的国际条约。《巴黎协定》的成功最重要的原因和基础是各方日益增强的行动意愿和采用自下而上，尊重各方经济社会发展水平，由各方自愿提出减排和其他贡献的承诺模式。随着经济社会的快速发展，更多的国家和公众关注气候与环境安全，气候问题的认知水平在发达国家和发展中国家都有很大提升。全球对气候安全问题关注度的上升，是实现《巴黎协定》目标的基本盘。技术方面，一些环境友好技术的成本大幅下降，尤其是清洁能源技术无论在成本降低还是装机容量提升方面都有了大幅进步，最先进的太阳能光伏发电度电成本已降至0.1元左右，完全可以与传统能源进行竞争。清洁能源技术进步将为各国实现《巴黎协定》目标提供信心。此外，各方基于自身发展水平和能力提出自主贡献目标，相对自上而下分担减排份额的方式，更有利于与各方实现承诺目标，而《巴黎协定》盘点机制的实施，也能确保各方不断更新和提高贡献力度，从而推动《巴黎协定》成为执行效果最好的气候协议。

三 《巴黎协定》面对的争议和挑战

与大部分国际环境条约“自上而下”规定各国需要遵照执行的国际标准和目标不同，《巴黎协定》为达成共识，采取各国自愿设定贡献目标的“自下而上”的途径。因此，对于具体目标，国际社会只能给予政治上的鼓励，而没有国际法上的约束力。国际法律只要求各国必须遵循有关程序，报告和审查其自主目标及其落实情况。这种结构在很大程度上是对美国要求的妥协。

国际社会对《巴黎协定》的评价褒贬不一。有人认为这是一个巨大成功，也有人认为它有很多不足。前者强调《巴黎协定》着眼未来、有助于推动集体行动的统一框架。对《巴黎协定》不满的人，指出《巴黎协定》避重就轻，没有直面三个相互联系和影响的公平问题：不同国家在不同时期的排放水平差别很大，而且变化方向与速度不一；不同国家面临不同的人文发展机遇和挑战；气候变化的影响存在很大国家间、地区间以及不同社会阶层间的差异。尽管人文发展水平差异直接体现在国际气候谈判中，有关历史责任的争议，特别是气候变化对不同国家和地区的各不相同而且日趋严重的影响，都是国际气候争论的核心话题。《巴黎协定》是《公约》下的一项具体执行协议，承认《公约》下的公平原则，并明确指出"发达国家是全球温室气体过去和目前的最大排放源"，重申"共同但有区别的责任"和"各自能力"原则，也提及全球气候变化行动和成效定期评估，需要考虑公平问题，并且在其前言中提及"气候公正"问题。但是《巴黎协定》本身并没有直接规定如何解决"历史责任"问题，而且在正文中也没有明确说明如何解决公平和公正问题。这主要是担心各国有关公平和公正方面的不同立场会阻碍达成国际协议，因此全球气候合作框架中未包含分配正义方面的规定。而对于那些认为公平问题是全球气候治理的核心议题的人们来说，《巴黎协定》最大的缺点就是对公平问题避重就轻。这些争议，可能会由于两方面的原因激化。第一，将关注重点放在未来排放水平变化，导致国际社会不顾发展中国家所持续面临的各种人文发展挑战，对发展中国家不断施压，要求其减少温室气体排放。发达国家试图通过对发展中国家，尤其是新兴国家施压，以便转移或逃避其减排义务。第二，全球减排行动不力，导致气候变化带来的损失和损害风险不断上升，受影响最严重的是那些温室气体排放很少、面临严峻发展挑战的国家。

第三节　《联合国气候变化框架公约》外平台和机制

一　什么是《联合国气候变化框架公约》外机制

除了以《公约》《京都议定书》《巴黎协定》为代表的联合国体制下的气

候治理进程，国际气候治理体系还存在一些全球、区域性气候合作机制，以及具有温室气体减排效果的技术、贸易等合作协议以及针对特别部门的国际减排协议和行动，如国际民航和国际海运温室气体减排协议和行动，以控制氢氟碳化合物（HFCs）排放为目的的《蒙特利尔议定书》，以及针对减少毁林和森林退化、针对二氧化碳捕获和封存的国际合作等。

在行动主体方面，除了各国政府，地方政府、城市以及企业等非国家主体，在气候变化行动方面日益活跃，《公约》秘书处网站上登记的非国家主体气候行动已经高达12000多个，这些非国家主体的气候行动，只有在其超过国家政府或上一级政府宣布的气候行动目标的情况下，才予以登记。非国家行为体在联合国气候治理进程中，积极促进与立场相近的国家联合发声和合作，推动其主张被采纳。国际机构、环境非政府组织、企业、金融机构、研究机构和独立学术机构等，积极参与气候治理，宣传自己的主张和行动，影响国际气候谈判。国际气候治理是多种主体参与的复杂博弈的治理体系，非国家主体的积极参与，有助于缩小由于各国减排力度不足导致的同全球减排目标的差距。非国家行为体的广泛行动，也为全球气候治理提供了新的动力和活力。

二　《联合国气候变化框架公约》外机制的主要类型

为了推动《公约》谈判，缔约方在《公约》体系外也开展了多种活动与实践。这些合作机制体现了对公约机制的补充，为增进缔约方相互了解、推动形成共识起到了积极作用。这些机制从性质上来看，主要可以分为政治性、技术性和经济激励性三种类型。

第一，国际政治属性的《公约》外机制，主要包括联合国气候峰会、千年发展目标论坛、经济大国能源与气候论坛、二十国集团、八国集团、亚太经合组织会议等。这些机制的共同特点是由政府首脑或者高级别官员参与磋商，就一些重大问题达成政治共识，但一般不就具体技术细节进行讨论。联合国气候峰会等政治性的《公约》外机制，通常主要在全局性、长期性、政治性的问题上发挥重要作用，因为参会级别高，尤其是首脑峰会，往往能解决一些长期困扰《公约》下技术组谈判的重大问题，从而推进公约谈判进程。

第二，行业或部门技术性的《公约》外机制，主要包括国际民用航空组织、国际海事组织以及联合国秘书长气候变化融资高级咨询组等合作机制。这些机制，针对《公约》谈判中的一些行业、部门或具体问题开展专题研究和讨论，并将讨论结果和建议反馈公约，以促进《公约》下相关问题的谈判进程。这些机制的局限性在于，首先气候变化并非这些机构或机制的主营业务，其关注的角度和目的可能与《公约》不同；其次，不同的机制也有各自的议事规则和指导原则，不同机构所遵行的规则和原则与公约也可能存在差异，从而存在认识上的不匹配。

第三，经济激励/约束性的《公约》外机制，包括与气候变化相关的贸易机制，与生产活动和国内外市场拓展相关的生产标准制定等《公约》外磋商机制。经济激励措施在《公约》谈判中属于辅助性的谈判议题，大部分时间谈判的并非公约的核心关注问题，但这些问题与实体经济运行以及相关行业、领域的发展利益紧密相关。贸易机制、标准制定机制等机制本身已经有很长时间的积累和发展，在气候变化问题形成国际治理机制之前，就已经存在，但在气候变化治理机制产生之后，各种机制之间存在边界模糊、原则差异等问题，因此这些机制对气候变化问题的讨论磋商不仅包含技术性问题，也包含政治性、原则性问题。

三　与气候变化相关的主要《联合国气候变化框架公约》外机制

《公约》外应对气候变化相关机制从层级上可以划分为全球性与区域性的机制，从内容上可以分为多主题与气候变化单一主题的机制，从性质上可以划分为政治性的、专业性的和经济激励/约束性的公约外机制。本节将针对一些代表性的《公约》外机制进行介绍。

（一）政治性的公约外机制

1. 八国集团（G8）在应对气候变化方面的关注

八国集团（Group of Eight）是指八大工业国——美国、英国、德国、法国、日本、意大利、加拿大及俄罗斯联邦，代表了发达国家的主要力量。这个工业化国家的俱乐部集团通过定期会晤与磋商，协调各成员对当前国际政治和经济格局重大问题的看法和立场，并在国家元首及政府首脑峰会后发表公报，以表明八国愿意在政治或经济方面做出的承诺。

八国集团关注的一般是全球政治与经济领域的重大问题，讨论范围较广，主题较多，气候变化问题是会议讨论的主题之一。例如，2005 年 7 月在英国苏格兰举行的八国集团首脑峰会以全球经济发展与气候变化为两大议题进行磋商，最终发表了《气候变化、能源及可持续发展》和《格伦伊格尔斯行动计划：气候变化、清洁能源及可持续发展》两个与气候变化有关的文件。[①] 公报中提及气候变化的严峻性与长期性，重申《联合国气候变化框架公约》中承诺的主要目标等。会议中各成员相互协调与妥协，表明了西方工业化大国的立场，主导国际行动，影响了国际气候谈判进程。2007 年在德国海利根达姆举行的八国集团首脑会议进程就气候变化的关键性挑战展开讨论并取得进展；2008 年在日本北海道的峰会就气候变化议题发表声明，八国集团领导人在温室气体长期减排目标方面达成一致，并努力寻求与其他缔约国达成 2050 年全球温室气体排放减少至一半的目标；2009 年，八国集团首脑会议在意大利拉奎拉举行，会议首次提及"将工业革命以来的气温升高幅度控制在 2 摄氏度以下"的目标，这些在八国集团领导人峰会达成的成果、共识，有利于推动联合国气候变化大会取得积极进展。

2. 二十国集团（G20）在气候变化议题方面的推进作用

二十国集团代表了全球近 90% 的经济体量和近 70% 的人口，由阿根廷、澳大利亚、巴西、加拿大、中国、法国、德国、印度、印度尼西亚、意大利、日本、韩国、墨西哥、俄罗斯、沙特阿拉伯、南非、土耳其、英国、美国以及欧盟 20 方组成。作为当今国际上重要的多边对话平台，G20 致力于构建创新、活力、联动、包容的世界经济，推动全球经济治理改革，对全球的经济发展进程具有重要的影响，同时，G20 在应对气候变化问题方面也发挥着重要的领导作用，正视全球气候变化将给各国带来的风险，推动和帮助广大发展中国家实现可持续发展目标。G20 所探讨的问题受全球政治经济格局所影响，气候变化并非这一机制始终关注的问题，但长期以来 G20 都在不断努力推动成员加强减排行动力度强调各国在应对气候变化威胁方面的承诺和责任。2014 年 G20 在澳大利亚举行第九次峰会，中、美等国将气候变化问题提上峰会议程，直面全球气候变暖问题。会上习近平主席强调中国计划 2030 年前后达到二氧化碳排放峰值，中国还将设立气候变化"南南合作基金"，帮助其他发展中国家共同应对气候变化；美国总统奥巴马承诺向绿色气候基金拨款 30 亿美元帮助各国应对气候变化并降低自身碳排放、发展清洁能源。中美两个碳排放大国率先做出碳减排承诺，对其他国家的气候行动具有良好的引领作用，峰会上各国在

① 吴贤纬、张称意、罗勇：《G8 峰会上的气候变化议题及其对国际气候体制的影响分析》，《科学中国人》2005 年第 11 期。

气候治理的关键问题上达成共识，推动了《联合国气候变化框架公约》的谈判进程，为达成2015年《巴黎气候条约》奠定了基础。2016年，中国作为G20第十一次峰会的主席国，积极主动地推动全球气候与能源治理，向各国释放了应对气候变化、推动可持续发展等诸多积极信号，推动气候变化谈判的重要成果《巴黎协定》生效执行。

3. 亚太经合组织对气候变化议题的推进

亚太经济合作组织是亚太地区重要的经济合作机制和平台，旨在推动亚太地区经济贸易合作，促进经合组织成员之间的经济技术和信息交流。亚太经合组织讨论的议题与全球经济、区域经济有关，同时，也会加入一些其他与经济相关的议题，气候变化便是其中重要的议题之一。因此，亚太经合组织也是区域性的、多主题的公约外机制，对于推动国家间气候变化议题的谈判具有重要的影响。

2007年9月，亚太经济合作组织领导人第15次非正式会议在澳大利亚悉尼举行，会议的主题是“加强大家庭建设，共创可持续未来”，主要讨论气候变化和清洁发展、区域经济一体化、支持多哈回合谈判、贸易投资自由化和便利化等议题，并最终通过了《关于气候变化、能源安全和清洁发展的悉尼宣言》。2008年11月，亚太经济合作组织领导人第16次非正式会议在秘鲁利马举行，会议发表《利马宣言》和关于全球经济的声明，重点阐述了各成员就世界经济金融形势、多哈回合谈判、粮食安全、能源安全、区域经济一体化、企业社会责任、气候变化、防灾减灾等问题达成的共识。2009年新加坡会议深入讨论了经济增长、多边贸易体制、区域经济一体化、气候变化等问题，发表了《“倡导新的增长方式，构建21世纪互联互通的亚太”领导人声明》。亚太经合组织努力推动区域经济的可持续发展，也积极促进气候变化议题在各国间的协调与推进。

4. “基础四国”气候变化部长级磋商会议

“基础四国”气候变化部长级磋商会议是主要发展中国家中国、印度、巴西、南非针对气候变化议题的《公约》外多边协商机制。虽然会议覆盖的国家较少，但是由于中国、印度、巴西和南非四国在气候变化问题上的立场相近，每次会议都能对公约谈判中的各个议题进行磋商并形成共同立场，因此其与《公约》的紧密程度也非常高。磋商机制自2009年建立以来，“基础四国”

在推动气候变化多边进程[①]，各国之间加强沟通、增强互信、协调立场，维护发展中国家利益，推动达成国际气候协议等方面发挥了重要作用。

（二）专业性的国际机制

1. 国际海运组织与国际民用航空组织积极应对全球气候变化

国际海运组织与国际民用航空组织是《公约》外的国际性专业性的多边机制，是该领域应对气候变化问题的组织。这些组织针对航海、航空领域的碳减排问题进行讨论、谈判并做出相关的决议，推动国际社会协作应对航海、航空领域的碳排放问题。

国际海运组织（International Marine Organisation）近年来主动承担起海运二氧化碳减排的责任，采取一系列减排措施，积极应对全球气候变暖的问题。国际海运组织的海运环保委员会（Marine Environment Protection Committee，MEPC）在2011年7月通过了针对新的远洋船舶的技术减排措施和针对所有船只的运营减排要求，这是整个远洋运输行业的首个全球性、全行业、强制性减排规定。《防止来自船舶污染的国际公约》（International Convention for the Prevention of Pollution from Ships，MARPOL）是防止来自船舶运行或事故造成的海洋环境污染的主要国际条约。通过的减排措施作为新的第四章纳入《防止来自船舶污染的国际公约》附件Ⅳ，该章的题目是“有关船舶能源效率的法规”，并且为新船舶规定了强制性的节能设计指数（Energy Efficiency Design Index，EEDI）和针对所有船舶的《船舶能效计划》（Ship Energy Efficiency Plan，SEEMP）。这些法规于2013年1月1日按照默认程序生效，适用于总吨位400吨及以上的所有船舶。2017年12月，国际海运组织的最高决策机构——国际海运组织大会通过了“应对气候变化”的战略方向。2018年4月13日，国际海运组织海上环境保护委员会第72届会议，通过《国际海运组织减少船舶温室气体排放的初始战略》（简称《初始战略》）。该文件确认了国际海运组织致力于减少来自国际海运的温室气体排放，当务之急是在21世纪尽早消除温室气体排放。《初始战略》首次设想减少来自国际海运的温室气体排放总量，实现排放总量的尽早达峰，而且到2050年，年排放量至少要在2008年水平的基础上下降50%，同时，为彻底消除温室气体排放而努力，使国际

---

① 高翊、王文涛、戴彦德：《气候公约外多边机制对气候公约的影响》，《世界经济与政治》2012年第4期。

海运的二氧化碳排放减排路径符合《巴黎协定》下规定的升温控制目标。《初始战略》还指出了国际海运节能减排所面临的障碍和克服这些障碍的支持性措施，包括能力建设、技术合作和研发等。国际海运组织长期以来不断为限制和减少温室气体排放而努力，《国际航运组织减少船舶温室气体排放的初始战略》的达成，是一个历史里程碑，向整个船运行业发出了强有力的信号，推动投资流向低碳和零碳燃料和新型节能技术。目前，国际海运组织海上环境保护委员会还在继续研究如何推动后续行动，如何逐步减少来自船舶的温室气体排放。

国际民用航空组织也通过一系列措施积极主动应对航空领域的碳排放问题。2016 年 10 月，国际民航组织（International Civil Aviation Organization，ICAO）通过了一项决议：从 2021 年起，用全球基于市场的制度安排，应对国际民航的二氧化碳排放问题，并着手构建国际民航碳抵消和减排体系（Carbon Offsetting and Reduction Scheme for International Aviation，CORSIA）。该体系旨在要求各家航空公司抵消 2020 年以后的排放增长，将全球国际民航的温室气体排放量稳定在 2020 年的水平。该制度要求各航空公司监测所有国际航线的排放，并通过购买再生能源等其他行业减排项目所产生的合格减排量，抵消有关航线的排放增长。据估计，在 2021—2035 年期间，该制度能够抵消掉高于 2020 年排放水平的 80%。根据协议规定，该制度还需要定期进行评估，包括探究该制度如何能够推动《巴黎协定》下升温限制目标的实现。国际民航组织正在制定必要的实施规则和工具，为该制度的实施做准备。CORSIA 的具体实施细则和可操作性，将最终取决于各国即将制定和付诸实施的国内政策措施。

2. 主要经济体能源与气候论坛

主要经济体能源与气候论坛是全球性的、以气候变化为单一主题的《公约》外机制。2007 年，美国总统小布什邀请温室气体排放量居前的 15 个经济体参加关于全球气候变化问题的国际会议，启动了主要温室气体排放国在《公约》外的谈判[①]。2009 年，美国总统奥巴马建议会议更名为“主要经济体能源与气候论坛”（MEF），促进成员在能源与气候变化问题上开展合作，降低温室气体排放成为《联合国气候变化框架公约》谈判机制外的补充机制。

① 王瑞彬：《国际气候变化机制的演变及其前景》，《国际问题研究》2008 年第 4 期。

论坛的参与国既包括美国、英国、法国等发达国家，也包括中国、巴西等发展中国家，具有较大的国际影响力，取得的共识往往也能够影响全球气候治理进程。主要经济体能源与气候论坛对公约谈判起到了补充的作用，这种的补充表现在 MEF 可以根据《公约》谈判中的核心和难点问题，组织会员高层小范围磋商，自上而下地并借助在 MEF 下达成的共识推动这些议题在《公约》下取得进展。如，2009 年 7 月主要经济体能源与气候论坛中各国领导对“实现到本世纪末全球平均气温升温幅度不超过工业化前 2℃”的目标达成共识，为同年年底哥本哈根气候会议相关议题谈判奠定了基础。

3. 《蒙特利尔议定书》缔约方大会

氢氟碳化合物（HFCs）是《蒙特利尔议定书》下为淘汰臭氧层消耗物质氢氯氟烃（HCFCs）和氯氟碳化合物（CFCs，中文又称氟立昂）而推广的替代物，主要用于空调、冰箱的制冷剂、发泡剂以及手持灭火器的灭火剂等。虽然氢氟碳化合物不消耗臭氧层，但是氢氟碳化合物却是比较强的温室气体，其全球变暖潜能值是二氧化碳的数千倍。也就是说，每泄漏一吨氢氟碳化合物，其所引起的全球变暖效应，相当于数千吨二氧化碳排放。

《蒙特利尔议定书》被称为史上最成功的国际环境协议。它已经成功将全球臭氧层消耗物质的年生产和消费量减少了 70%。最新科学观测也证实，南极上空的臭氧层空洞已经缩小。在一些国家的提议下，经过谈判和磋商，2016 年 10 月，在卢旺达首都基加利举行的《蒙特利尔议定书》第 28 次缔约方会议上，来自 197 个国家的谈判代表，正式通过了《基加利修正案》，目标是到 2047 年，将氢氟碳化合物的年消费量减少 80%—85%，并分别为不同类型的国家规定了不同削减时间表。截至 2018 年 8 月底，已经有 43 个国家和地区核准了《基加利修正案》，该《修正案》于 2019 年 1 月正式生效。一些研究估计，该《修正案》的成功实施能够到 21 世纪末避免 0.5℃升温。《蒙特利尔议定书》下的多边基金和技术支持，将为《修正案》的成功实施提供强有力的保障。2016 年底，为了促进制冷剂替代和制冷能效提高并举，18 个基金和个人出资 5200 万美元，成立了“基加利制冷能效项目计划”，用于资助研究、宣传和技术支持与培训，帮助发展中国家向能效更高的制冷设备过渡，减少氢氟碳化合物的生产和使用。

4. 防止发展中国家毁林和森林退化排放合作伙伴计划（REDD）

减少来自毁林和森林退化的排放（Rreducing Emissions from Deforestation

and Degradation，REDD）是解决气候变化问题的重要措施之一。毁林是一个全球环境问题，它不仅破坏生态环境和生物多样性，而且影响靠森林谋生的当地居民的生计，是气候变化的重要推动因素，毁林造成的排放占到全球每年温室气体排放约1/5。REDD主要是提供一些激励机制，改变森林资源的利用方式。通过对防止森林破坏或退化的行动付费，从而遏制毁林和森林退化，避免二氧化碳排放。资金机制可以包括碳排放贸易体系或者为森林管理付费。根据《公约》第21次缔约方会议第18号决定，所有国家一致认为，获得实施避免毁林和森林退化方面的资金援助，因避免碳排放获得付费，均不要求必须带来附带好处。但是谈判中，各国认识到，附带好处对于避免毁林和森林退化的长期可持续性非常重要，而且有助于适应气候变化。因此，《公约》秘书处邀请各国提交信息，说明减碳以外的附带好处的性质、规模和重要性。该决定还规定，绿色气候基金和其他资金机构，在提供资助的时候，也要考虑除了碳排放以外的附加利益。REDD机制的实际运作所依据的理念非常简单。对于发展中国家的量化林业管理做法，予以资金奖励，使不良林业管理、乱砍滥伐等，比可持续林业管理经济上不合算。该机制资金的来源可以是碳交易，即发达国家的行为主体向发展中国家支付款项以抵消其温室气体排放；也可以采取信托资金的方式，为发展中国家的森林保护提供资金支持。

REDD和可再生能源或碳捕获与存储相比，减排成本更低，这一优势在目前全球经济不稳定的背景下尤为突出。热带雨林是地球上物种多样性最丰富的生态系统，根据联合国粮农组织的数据，全世界有大约7000万人靠森林维持生计，因此保护森林、可持续利用森林资源，不仅能维持当地居民的生计和收入来源，能够使森林中的丰富野生动植物资源继续保持下去。还能为减少温室气体排放作贡献。

5. 碳收集领导人论坛

碳收集领导人论坛（CSLF）成立于2003年，是一个促进成员国及国际社会在碳捕集、利用与封存（CCUS）领域开展交流与合作的部长级多边机制，其宗旨是推动开发用于二氧化碳的分离、捕获、运输和长期安全存储且具有更好成本效益的技术，使有关技术在国际上得到广泛利用，确定并解决与碳捕获和储存相关的广泛问题。目前CSLF成员包括澳大利亚、巴西、加拿大、中国、哥伦比亚、丹麦、法国、德国、希腊、印度、意大利、日本、韩国、墨西哥、荷兰、新西兰、挪威、波兰、俄罗斯、沙特阿拉伯、南非、阿联酋、英国、美国等24个国家和欧盟委员会。

《巴黎协定》下，升温控制目标定得很宏伟，但是各国的实际减排行动，距离气候变化减缓目标的实现有很大差距。其中的一个难点是：缺乏减少化石能源使用的有效策略。在这种背景下，通过碳捕获和封存，能够在继续大规模利用化石燃料的同时，实现温室气体零排放，甚至将生物质能源同碳捕获和存储结合起来，实现负排放。但是，在国际气候谈判中，对碳捕获和封存这一技术争议很大。支持发展碳捕获与封存的人认为：这种技术为长期继续使用化石能源同时又能稳定大气中温室气体浓度提供了技术出路。对于许多相信化石能源和经济增长、繁荣和现代发展模式密不可分的国家、机构和个人来说，碳捕获与封存技术有很大的吸引力。尤其是一些能源企业和拥有大量化石能源储量的国家，希望能够依靠碳捕获与封存技术，沿着既定的发展模式，最大限度地实现利润和增长。反对碳捕获和封存的人认为：二氧化碳的地质封存，会构成健康和环境风险，由于地壳脆弱，注入高压气体和液体，有可能引发地震。封存入地下的二氧化碳，有可能会发生泄漏，其减排效果可能无法长期维持。由于这些考虑，二氧化碳捕获和封存，一直未能获许成为《京都议定书》下清洁发展机制的项目类型。此外，目前可再生能源的成本已经和化石能源相当，甚至比化石能源便宜，一些环保非政府组织反对新建任何化石能源发电项目。

（三）世界贸易组织（WTO）框架下的碳关税多边协调机制

世界贸易组织是贸易体制的组织基础和法律基础，为国际间贸易提供解决争端和进行谈判的平台。WTO虽然并非全球性环境保护组织，但有关贸易与气候变化问题日益成为成员多边谈判的热点[1]，特别是碳关税问题。WTO注重当代贸易公平，并不需要考虑各国的历史排放责任，碳关税可能存在执行空间，因此，多数发达国家主张在WTO框架下探讨碳关税问题，试图绕开《公约》的谈判，通过建立国际生产标准、碳标签等形式隐蔽地达到执行碳关税的目的，推动《公约》外气候治理进程取得快速进展，使得发展中国家变相承担全球合作应对气候变化的资金成本。[2] WTO下“环境与贸易委员会”也开展了一些研究工作，但碳关税问题在WTO下一直没有获得各国正式授权成

---

① 程大为：《世界贸易组织气候变化谈判：主要议题及中国战略》，《中国人民大学学报》2010年第4期。

② 王谋：《隐形碳关税：概念辨析与国际治理》，《气候变化研究进展》2020年第2期。

为正式谈判议题。主要因为大多数发展中国家认为碳关税是与碳排放相关的问题，《公约》应该作为治理该问题的主渠道。《公约》下也一直在开展相关讨论，而且《公约》达成的共识，应该对 WTO 产生影响并指导 WTO 规则的制定。目前，《公约》和 WTO 都在开展相关工作，但由于各方缺乏基本共识，进展都很缓慢。

国际合作机制是为了促进世界各国开展合作，协同治理气候变化问题。公平、高效的国际合作机制，是开展国际合作治理的基础，也是国际合作治理的目标。从各种机制在国际气候治理进程中的作用、功能、约束力以及参与程度等综合影响力来看，《公约》在国际合作气候治理进程中无疑应该起到主导作用，而《公约》外的合作机制，应该作为对《公约》机制的补充，辅助推进《公约》谈判进程。这样的治理机制既能体现国际合作的公平原则（最大的参与度），同时，因为《公约》的专注度以及法律效力，也更能保证国际合作效率。

延伸阅读

1. 潘家华：《气候变化经济学》（上、下册），中国社会科学出版社 2018 年版。

2. 高翔、王文涛、戴彦德：《气候公约外多边机制对气候公约的影响》，《世界经济与政治》2012 年第 4 期。

3. UNFCCC, "What are Governing, Process Management, Subsidiary, Constituted and Concluded Bodies", https://unfccc. int/process-and-meetings/bodies/the-big-picture/what-are-governing-process-management-subsidiary-constituted-and-concluded-bodies.

练习题

1. 《联合国气候变化框架公约》谈判进程中的里程碑事件是什么？
2. 《巴黎协定》的主要共识是什么？
3. 什么是《联合国气候变化框架公约》外机制？
4. 列举几个与气候变化相关的主要《联合国气候变化框架公约》外机制。

第四章

全球气候治理中的关键问题

自《公约》谈判以来，全球气候治理进程已经走过30多年的历程，并随着各缔约方经济社会发展呈现出一些新的特征。全球气候治理的参与方从主要是各国政府扩展到非国家主体，呈现多层多圈治理结构，各种利益主体的诉求以及由诉求差异产生的博弈和矛盾也日趋复杂，有传统的南北集团的矛盾，也有南北界限模糊后不同集团内部的矛盾，致使国际气候谈判在复杂的利益格局下要取得谈判共识困难重重。总的来看，构建未来国际气候制度面临的关键问题主要有公平原则、减缓气候变化、适应气候变化、应对气候变化的资金合作机制和技术合作机制、实施气候协议的透明度问题以及低碳发展战略等方面。本章将主要就上述问题进行讨论和分析。

第一节　公平原则

一　在《联合国气候变化框架公约》及其附属协议中的体现

《公约》的原则是其得以成立的根本，也是各项具体规定的核心，贯穿所有议题谈判的始终。《公约》第3条是关于“原则”的规定，其中第3.1条提出了“各缔约方应当在公平的基础上，并根据它们共同但有区别的责任和各自的能力，为人类当代和后代的利益保护气候系统。因此，发达国家缔约方应当率先对付气候变化及其不利影响”，即“公平”“共同但有区别的责任”和“各自能力”原则。《公约》要求所有缔约方，在上述原则基础上，编制并提供温室气体的国家排放清单，采取适应和减缓气候变化的对策、提高全社会应对气候变化的意识。《京都议定书》“序言”指出，该《议定书》接受《公约》第3条，即其原则的指导。《巴黎协定》第2.2条指出“本协定的履行将体现公平以及共同但有区别的责任和各自能力的原则，考虑不同国情”。

二　主要分歧及各方立场

原则问题从来不是谈判议题，但是贯穿谈判始终。随着国际政治形势和社会经济发展变化，各国的碳排放水平和脆弱性程度也不断变化。这些变化一方面导致各缔约方在选择谈判阵营时判断的“砝码”发生改变，另一方面导致各国对公平原则的解读发生了微妙的变化。从发达国家来看，二战以来发生过两次全球性的金融危机，其中第二次金融危机演变成全球经济危机，各国经济复苏的历程缓慢而艰难，这在很大程度上打击了发达国家应对气候变化的信心，削减了其能力。发达国家中的欧盟和伞形集团由于历史文化和国家发展阶段、社会发展水平的差距等，分化出较为明显的立场差距。体现在原则问题上，伞形国家逐步抛出观点拒绝承认“共同但有区别的责任”原则，并将重点放在抹平“区别”上；而欧盟受到各成员国国内政治的制约，既希望继续充当气候治理领导者，又无力独自担起领导者的责任，希望发展中大国能够与其分担责任，因此对“共同但有区别的责任”原则问题相对温和，在一定程度上可以接受发达国家和发展中国家责任和义务的差异。各发展中国家由于发展水平差异日益变大，内部的分化随之日渐明显。部分国家集团（如小岛国、最不发达国家等）在发达国家能提供的资源和减排贡献日渐趋紧的现实情况下，将对资金需求和减排贡献的希望寄托于所有排放大国，进而模糊了发达国家和发展中国家的界限，对“共同但有区别的责任”原则的坚持是暧昧的，甚至在一些情况下会更加倒向发达国家立场。目前在“共同但有区别的责任”原则问题上仍能坚守立场的是发展中国家阵营中立场相近的发展中国家集团、“基础四国”和非洲集团。

三　未来走向和趋势

任何协议都是在一定原则指导下完成框架设计并指导谈判进程。缔约方在原则问题上的主要分歧是如何理解、解释“共同但有区别的责任”原则。发展中国家普遍认为，《京都议定书》是对“共同但有区别的责任”原则的体现，即发达国家实现总量减排，并向发展中国家提供资金和技术援助，帮助发展中国家提高减缓和适应气候变化的能力；发展中国家消除贫困保持经济发展是首要任务，力所能及地在发达国家提供针对气候变化的“新的”和“额外的”支持的条件下开展减少温室气体排放的行动。发达国家缔约方则提出随着全球经济发展，需要动态理解“共同但有区别的责任”原则，希望发展中国家承担更多减排责任，还有部分发达国家事实上基本否认“共同但有区别的责任”原则，要求发展中国家在相同减排框架下开展对等减排。《巴黎协定》对于“共同但有区别的责任”原则的表述，事实上已经是各方妥协的结果，但目前来看，各国仍然按照各自的理解和诉求解释“共同但有区别的责任”原则，认识上的分歧仍然存在。

第二节　减缓气候变化

一　在《联合国气候变化框架公约》及其附属协议中的体现

根据《公约》第4.2（a）条的定义，减缓指通过人为干预温室气体排放，减少源、增加汇；温室气体指“大气中那些吸收和重新放出红外辐射的自然的和人为的气态成分”。受《京都议定书》管控的温室气体有6种，“《京都议定书》多哈修正案”将受管控温室气体扩大至7种。能产生温室效应的不限于温室气体，还包括大气中的颗粒物和气溶胶。减少温室气体排放是减缓的主要途径。

减缓问题涉及各国的切身利益，特别是对发展中国家而言，减缓是关系到生存和发展的重大问题。减缓不仅面临紧迫的排放数量减少要求，还有公平的诉求，是气候变化多边谈判中最重要的领域之一。与减缓密切相关的几个议题首先包括减少多少排放的目标问题，具体又有长期目标、中期目标、短期目标，全球目标、区域目标、国家目标，目标的形式是排放量、浓度还是温度等。此外还有涉及基准年份等国际条约法律约束范围的问题、谁来减的责任分担问题等，以上都是多边谈判中各方关注的焦点。

二　主要分歧及各方立场

减缓问题是国际气候协议的核心问题，从某种角度看，未来国际气候协议，实质就是全球协同减排的制度安排。资金援助以及技术转让等问题也是为更好地实现减排目标服务。欧盟、小岛国联盟力推紧约束的国际减排模式，希望按照 IPCC 科学评估报告结论，设定具有雄心的全球减排目标，推动世界各国实施大幅度温室气体减排，要求各国尽早达到排放峰值，设定国家排放总量减排目标，并以国际法、国内法的形式，保障目标实现；美国等伞形国家则倾向于各国基于自身条件，提出减排目标，建立相关机构对目标实施情况开展审评，督促实现减排目标。发展中国家通过多年实践，已经认识到在当前技术水平下，发展就意味着增排，因此，更能接受各国根据自身条件自己提出减排目标或减排行动目标的方案，并且重申各国减排目标应遵循公平原则，区分发达国家和发展中国家的历史责任，确定不同类型和程度的减排目标，以保障发展中国家未来发展拥有合理的空间。

经过各方妥协，《巴黎协定》中明确将“把全球平均气温升幅控制在工业化前水平以上低于 2℃之内，并努力将气温升幅限制在工业化前水平以上 1.5℃之内”，以及“在本世纪下半叶实现温室气体源的人为排放与汇的清除之间的平衡”作为全球合作应对气候变化的减缓目标。由于《巴黎协定》采用各国自主承诺减排目标的方式，这些目标的力度和实现的时间与《巴黎协定》的目标都缺乏很好的对应关系。为了对各国实施减排行动保持压力和监督，《巴黎协定》建立了全球盘点机制，定期对各国减排目标实施进展进行评估。欧盟、小岛国等缔约方也希望通过评估结论，显示全球行动与《巴黎协定》目标之间的差距，并进一步要求各方提高减排力度。但各方对如何应用全球盘点结论还有分歧，一些排放大国目前对进一步提高减排目标还有疑虑。

三 未来走向和趋势

《巴黎协定》虽然达成了 2℃温控以及碳中和等中长期全球目标，但各方在减排模式、减排目标、减排责任上的分歧仍难以弥合。以欧盟、小岛国为代表的主张全球积极减排的国家和国家集团，还将继续利用透明度、全球盘点等《巴黎协定》下的机制，以及公约外的一些政治进程，推动各方提出体现雄心和力度的减排目标。而全球的主要排放国家，也将根据自身经济社会发展、科技进步的趋势以及在环境问题上政府和民间的认知水平等，动态调整在减排模式、目标、责任等问题上的立场。短期内，2023 年举行的全球盘点，将是各方表达立场并开展博弈的平台，是否提高减排目标，如何提高目标将是各方博弈的焦点。

第三节　适应气候变化

一　在《联合国气候变化框架公约》及其附属协议中的体现

《公约》中定义的适应指“面对气候变化负面影响而采取的应对行动”。《巴黎协定》中提出了提高适应能力和适应恢复力的全球适应气候变化目标。中国《国家适应气候变化战略》中指出，适应是“通过加强管理和调整人类活动，充分利用有利因素，减轻气候变化对自然生态系统和社会经济系统的不利影响”。适应气候变化的议题与减缓气候变化具有同等重要的地位，甚至有一种说法认为减缓是长期的适应。与“减缓”相比，面对短时间内无法改变的气候变化现实，加强气候韧性尤为重要，这凸显了“适应”措施的重要性。IPCC 在 2001 年发布的第三次评估报告中提出“适应是补充减缓气候变化努力的一个必要战略”，认为国际社会应当“总结过去适应气候变化或极端气候事件的经验，制定适应未来气候变化的适应战略”。但是在气候谈判中，适应议题往往被放在减缓之后，重视的程度还不够，表现出“重减缓、轻适应”的倾向，这主要是受发达国家只重视减缓议题的影响。

二　主要分歧及各方立场

1995 年《公约》COP1 初次提及“适应”的资金机制问题，但在之后的几届缔约方会议上，“适应”问题都没有实质性进展。随着 IPCC 对气候变暖的归因、响应等方面的专业化认识逐渐加深，国际社会对“减缓”和“适应”二者相对关系的认知有所提升，具体表现为广大发展中国家对“适应”议题更为关注，并要求在气候谈判中要平衡“减缓”和“适应”的比重。2010 年 COP16 坎昆会议达成了《坎昆适应框架》，适应议题逐渐增加其在谈判中的比重。2011 年 COP17 的德班会议成立了适应委员会（Adaptation Committee，AC），并在绿色气候资金的启动伊始就要求减缓和适应在资金使用和项目的分配上要各占 50%。2015 年 COP 21 巴黎会议上，通过《巴黎协定》和《巴黎会议决定》确立了全球长期适应目标、适应信息通报等一系列适应领域的框架性、制度性规定。

对于发展中国家来说，气候脆弱性更为凸显，受影响人群更多。全球气候变化对基础设施建设水平低、抗灾能力差的发展中国家影响更大。极端天气、气温上升、洪水暴雨等极端气候事件给农业、城市基础设施、沿海地区带来了适应气候变化的巨大挑战。因此，发展中国家也普遍将适应议题作为气候治理中的重要关切。

发达国家对适应问题的重视程度远低于减缓问题。首先，适应是对历史排放造成的气候变化事件的应对，适应问题很容易与历史排放责任挂钩，相应的补偿或者赔偿机制也应该由发达国家出资；其次，发达国家认为适应气候变化属于区域性问题，而非全球性问题，各国应该对各自的适应问题负责，也因此不能要求适应领域的全球性经济补偿。因此，发达国家也希望界定适应政策与行动是区域或局部的，而非全球行动。

适应议题的核心还在于出资问题。发达国家，包括欧盟和伞形国家在内，出资意愿普遍较低，且主张所有国家应承担共同的出资义务。发展中国家，主张减缓与适应并重，在《公约》下的资金机制中，用于适应的资金安排不应少于减缓。但事实上目前用于减缓的资金安排远大于适应。同时，发展中国家还主张主要以公共资金支持适应行动的开展。适应的具体行动多以公共设施、基础设施等为主，这些项目活动投入大、收益低，大多具有公益性质，私营资本很难主动流入这些项目。因此，更需要通过各国的公共资金预算保证适应活动的启动和持续开展。

三 未来走向和趋势

由于发达国家普遍主张《巴黎协定》是一个关于“减缓”的协定，因此无论在谈判中、政治外交表态还是媒体宣传上，都尽量弱化适应，突出减缓。而由于气候系统变暖，近年来极端气候事件发生频率大幅增长，发展中国家对适应问题的关注普遍上升，并且形成共识要求国际治理中同等对待减缓和适应问题，包括在资金和其他资源上的安排。由于发展中国家在适应问题上的团结，逐渐推动适应议题在国际气候治理中权重增加，相应的资金预算和机制平台建设，也越来越受到重视。《公约》进程外，各方对适应问题的关注也在增加，2018年荷兰政府牵头，包括中国在内的17个国家（阿根廷、孟加拉国、加拿大、中国、哥斯达黎加、丹麦、埃塞俄比亚、德国、格林纳达、印度、印度尼西亚、马绍尔群岛、墨西哥、荷兰、塞内加尔、南非、英国）共同推动成立了“全球适应委员会”（Global Committee on Adaptation，GCA）。由联合国第八任秘书长潘基文、比尔和梅琳达·盖茨基金会联合主席比尔·盖茨以及世界银行首席执行官克里斯塔丽娜·乔吉耶娃共同领导。该组织的目标是建立面对气候风险更具韧性的社会。委员会致力于加强各界对气候适应的了解，提高政府对气候适应的重视程度，以及更明智的投资、新技术的开发应用和实施适应战略规划。全球适应委员会为加速全球适应气候变化的政策和行动搭建了又一个高级别的治理平台，也是对《公约》下适应机制和活动的补充。

第四节 应对气候变化的资金合作机制

一 在《联合国气候变化框架公约》及其附属协议中的体现

资金议题是《公约》谈判的重要内容。发展中国家所做出的减排行动目标承诺，多是以发达国家提供资金支持为条件提出的。因此，发展中国家希望就未来国际合作中资金来源、资金规模以及资金使用等问题开展深入讨论，并实现发达国家对发展中国家的资金援助。发达国家则不愿在资金问题上开展深入探讨，更没有诚意兑现资金承诺。发达国家一方面逃避供资义务，一方面提出一些所谓的创新机制，意图将发展中国家也纳入资金来源体系，以减轻发达国家供资义务。不仅如此，发达国家利用发展中国家缔约方渴望得到资金援助的诉求，分化发展中国家谈判立场。鼓励一些发展中国家，接受其关于创新资金来源机制的提议，以保证这些发展中国家能更稳定、更大规模地获得援助。这导致发展中国家内部在资金问题上协调困难，难有共识，从而减轻发达国家在《公约》资金议题谈判中的压力。资金问题是国际气候合作中的核心问题，其来源和治理涉及多方利益，也涉及一些国家的谈判定位与底线，无疑是构建未来国际气候制度的关键问题。

《公约》第4.3条规定发达国家要向发展中国家提供新的、额外的资金支持，这就是气候谈判中所讲的资金问题。《巴黎协定》第2条特别提出了气候资金发展的长期目标，即“使资金流动符合温室气体低排放和气候适应型发展的路径”。《公约》设置了专门的资金机制来解决履行《公约》将遇到的资金问题，这是《公约》的一个特色，很多环境公约都没设立专门的资金机制，仅仅是依靠现存的多边环境基金来开展相关工作。

《公约》最初阶段确定的资金机制指定全球环境基金作为资金机制运营实体，同时规定气候融资也可通过其他双边、多边渠道拨付，资金来源和属性主要是各国财政支出的“赠款或其他优惠”资金。全球环境基金（Global Environmental Facility，GEF）在很长时间内承担了气候变化领域资金运行和管理的支持工作。之后在《公约》框架和授权下，各缔约方又陆续建立了一系列专属气候领域的资金机制，包括气候变化特别基金（Special Climate Change Fund，SCCF）、最不发达国家基金（Least Developed Countries Fund，LDCF）、适应基金（Adaptation Fund）以及绿色气候基金（Green Climate Fund，GCF）等。资金机制的建立和运行在很大程度上鼓励了发展中国家参与应对气候变化多边合作。《京都议定书》下的清洁发展机制（Clean Development Mechanism，CDM）也在《京都议定书》第一承诺期为发展中国家提供了很有力的支持，极大地提高了发展中国家应对气候变化的积极性。

二 主要分歧及各方立场

气候治理中的资金问题，可以从资金来源、规模和治理三个方面去分析。资金来源，包含两个主要问题，是发达国家出资，还是所有国家共同出资；是从各国政府的公共资金出资还是通过市场融资。发达国家主张不区分发达国家和发展中国家，所有国家共同出资，资金性质上，则更多是利用市场途径解决资金问题。大多数发展中国家主张发达国家负有全球气候变化的历史责任，应该是气候资金机制中的主要出资方，而且为了保证应对气候变化资金的稳定供给，发达国家提供的资金应该是以公共资金为主。这些公共资金还应满足新的、额外的要求，反对将其他资金援助包装为气候资金。曾经有方案提出，发达国家应从其财政收入中拿出1%左右作为全球应对气候变化的“公共资金”。除个别北欧国家外，其他发达国家提供的资金援助要达到1%还有不小距离。从资金规模来看，发展中国家根据自身应对气候变化需求提出相应的资金需求。显然，资金规模上发达国家的承诺和发展中国家的需求之间还存在较大差距，但无论是《公约》还是《巴黎协定》，在资金规模上并没有对发达国家施加强制要求。尤其是《巴黎协定》，各国提供的资金援助是以自愿方式表达的。从目前已经到位的资金来看，距离2020年前的1000亿美元的规模还有很大距离。从资金治理的角度来看，在GCF成立之前，《公约》长期以来委托全球环境基金作为《公约》资金机制的托管机构，GCF成立之后，显然更多的工作会由GCF完成，GCF也已经通过谈判形成其自身的工作机制，包括各国、各集团代表选举制度等。由于各国在GCF中的参与代表需要定期选举、轮换，这些选举出来的代表对GCF资金的使用方式又具有较大的影响力，因此代表席位的选举也成为各方争夺的焦点。资金治理中的另一个焦点是资金的流向，也就是决定资金发放给哪些领域、哪些集团或者国家使用。在使用领域上，发达国家偏向于支持减排相关的活动，发展中国家则强调《公约》下所有的活动包括适应、技术、能力建设等都应该获得资金支持；在重点支持的国家和集团上，小岛国集团和最不发达国家集团因为其面对气候变化的脆弱性受到特别的关注而占有优势，在一定范围内挤占了其他发展中国家的资金资源。从排放量来看，处于快速工业化、城镇化进程中的新兴经济体国家远大于以旅游业为主的小岛屿国家和工业化进程相对滞后的最不发达国家。由于资金使用主要是发展中国家内部的分配和博弈，发达国家也在利用发展中国家在该问题上的分歧，与部分国家实现一些谈判诉求的交易。资金支持上还有一些双边合作的资金并不需要经由GCF管理，由出资国与受援国通过双边协商决定。这些资金虽然不经过《公约》资金机制，但也被算成发达国家出资的一部分。

在多年的谈判中，最为有力度的资金议题成果有短期气候资金和长期气候资金两部分，涉及的时间框架都是到2020年的。短期气候资金是指哥本哈根会议谈判达成的“快速启动资金”（Fast Start Finance，FSF），2010—2012年，发达国家每年提供100亿美元气候资金，作为全球应对气候变化的公共资金。《哥本哈根协议》要求发达国家在2010—2012年间提供300亿美元资金作为全球应对气候变化的快速启动资金，尽管发达国家宣称已通过各种渠道向发展中国家提供的资金援助已达294亿美元，但由于存在严重的重复计算及歪曲统计标准问题，快速启动资金官方网站的数据表明发达国家仅仅兑现了36亿美元。长期气候资金是指发达国家应在2020年前每年提供1000亿美元规模的公共资金。据测算，发展中国家应对气候变化的资金需求每年为几千亿美元到上万亿美元，远高出《哥本哈根协议》中发达国家提出的到2020年前每年1000亿美元的目标，而且这个目标并非公共资金，能实际兑现的比例也并不清晰。长期资金的谈判还涉及2020年前发达国家出资目标如何落实的问题，即长期资金路线图，涉及资金的渠道和资金的性质等方面内容。发达国家抛出了一个1000亿美元路线图，然而这一所谓的路线图与之前经合组织（OECD）的气候资金路线图报告类似，资金的来源中包含了大量的发达国家双多边对外直接援助、多边开发银行的优惠贷款等内容，并不能满足所谓的“新的”和“额外的”公共资金来源的要求。

三　未来走向和趋势

《巴黎协定》将《公约》的资金要求具体化，规定 2025 年前，发达国家每年应筹集 1000 亿美元用于帮助发展中国家应对气候变化。这 1000 亿美元的筹资总目标并未在发达国家间进行分配，即没有强制性的出资分摊机制，捐助国可自行决定援助金额。目前 GCF 总承诺注资额约为 100 亿美元，这个资金量仅为当年《哥本哈根协议》提出的快速启动资金（FSF）的 1/3，与 2020 年前每年 1000 亿美元的长期资金承诺相距甚远。从资金分配来看，减缓和适应各占 50%，并没有给技术、能力建设和其他议题留有余地，而且适应的 50% 还要分出 50% 专门留给小岛国和最不发达国家，其他广大发展中国家的关切将很难得到满足。美国特朗普政府时期大幅削减甚至取消对全球气候治理的资金支持。主要资金来源将转向私人部门和各种市场机制。发展中国家内部建立和实施的南南合作机制，将受到更大关注。南南合作资金是否融入《公约》资金机制，成为其重要补充，还有很大不确定性，部分发展中国家认为如果融入将进一步模糊发达国家和发展中国家责任和义务的界限，同时导致发达国家更加淡化出资意识，并向发展中国家转移其在国际气候治理中承担的责任和义务。目前来看，也并没有展现融合的进程和意愿。在发展中国家出资能力和意愿都相对下降的背景下，未来气候合作资金如何保障，已经成为各方高度关注的焦点问题。

第五节　应对气候变化的技术合作机制

一　在《联合国气候变化框架公约》及其附属协议中的体现

《公约》第 4.5 条技术转让条款要求发达国家要促进、帮助、支持发展中国家获得环境友好型技术转移和转让，以使其能够履行《公约》的要求。《京都议定书》对技术转移和转让做了更为具体的规定，在《巴厘行动计划》之后技术转移议题成为国际气候谈判中的重要议题之一，一直延续到《巴黎协定》及其实施细则的谈判。《巴黎协定》第 10.1 条指出“缔约方共有一个长期愿景，即必须充分落实技术开发和转让，以改善对气候变化的抵御力和减少温室气体排放”。虽然重申了技术合作的重要性，表明长期技术合作的必要性，但缺乏进一步的落实措施，对发展中国家和发达国家都没有严格的法律约束力。此外《巴黎协定》第10.6条指出，“发达国家应向发展中国家缔约方提供资金，以支持技术周期不同阶段的开发和转让合作”，首次将资金和技术联系起来，算是技术议题谈判的一项突破。

二　主要分歧及各方立场

气候变化语境下的技术主要分为减缓和适应两大类。减缓技术主要涉及可再生能源、交通、建筑、钢铁、水泥等领域的低碳技术，适应技术主要涉及水资源、农业防灾减灾、城市基础设施、海岸带可持续发展和建设等领域的气候韧性技术。技术议题中的知识产权问题是发展中国家和发达国家观点最为对立、分歧最为严重的关键节点。发展中国家认为知识产权保护是阻碍《公约》下技术转移和转让顺利进展的核心问题，应该寻求开放知识产权的方法和途径。发达国家认为知识产权保护问题超出了《公约》管辖和讨论范围，不应在气候谈判中进行实质交流。发达国家对知识产权保护的坚持，一方面因为发达国家的知识产权（特别是先进的知识产权）多数掌握在私人部门手中，政府对其没有直接的支配权，另一方面是因为知识产权保护能够为发达国家开拓发展中国家市场创造可持续的收益，关乎国家利益不能放弃。因此，知识产权保护赋予了技术转移和转让议题很强的资金含义。发展中国家认为环境友好型技术的发明本身就是带有正外部性的。在其研发和推广过程中往往少不了政府的资金支持；在其实际使用过程中同样会产生正的环境收益，也有公益属性。发达国家在知识产权问题上纠结，实际还是出于国家保护主义考虑，保护其气候友好型产业的全链条竞争力。在发达国家关于知识产权保护问题上的强硬立场下，发展中国家做了很多种尝试和妥协。在承认知识产权保护的前提下，发达国家可以出资使发展中国家能够购买所需要的知识产权使用权，从而获得技术转移；发达国家也可以统一购买发展中国家技术需求清单上的知识产权，提供给发展中国家使用，完成直接的技术转让。但是发达国家在技术问题上很坚持，妥协和退让的空间很小，以致谈判在很长时间内都没有实质性的进展。

三　未来走向和趋势

目前来看，由于知识产权问题比较敏感，南北国家立场分歧短期难以弥合，技术议题的谈判基本上滞留在程序、模式、机制的管理结构和方式等问题上，而关于实际的技术转移和转让项目、政策和行动、资金的来源和分配磋商较少。各缔约方就技术机制及其组成部分的运行模式和统属关系进行了漫长而艰难的讨论。发达国家倾向于弱化技术机制的作用，把技术机制仅仅作为展示和推销技术成果的平台，弱化技术专家委员会（TEC）和技术中心网络（CTCN）之间的密切联系，坚持将技术相关报告和建议放在附属机构中讨论，并由附属机构提交给 COP 决议。而发展中国家希望强化技术机制的各项职能与资金议题挂钩，切实发挥作用。

第六节　实施气候协议的透明度问题

一　在《联合国气候变化框架公约》及其附属协议中的体现

《公约》第 4、10、12 条中要求缔约方公布一系列信息，包括但不限于温室气体排放的清单和排放趋势预测、各国应对气候变化的政策和行动、发达国家向发展中国家提供的各种支持、发展中国家接受的各种支持以及进一步的需求。基于“共同但有区别的责任”原则，发达国家和发展中国家在公布有关信息的内容、频率、方法学依据、是否接受审评及其严格程度等方面有着明确的区别。在《京都议定书》和《巴黎协定》中关于温室气体清单信息及核查等具体内容有着更为细致的要求，对于不同的信息设置了不同的“导则”。总的来说，这些共同构成了《公约》框架下的“透明度”内容。透明度议题在“巴厘路线图”和“德班平台”的谈判中重要性逐步提升，内容涵盖各项其他议题，在《巴黎协定》的谈判中站到了全球气候治理舞台的正中央。

二　主要分歧及各方立场

“透明度”议题最早是指各缔约方提交给《公约》秘书处的各种信息要满足“可测量、可报告、可核查”的“三可”要求，主要针对“事后”信息，可以理解为狭义的透明度。在《公约》和《京都议定书》中，这种透明度要求更多针对发达国家减排信息，让发达国家非常不满意，并因此向发展中国家提出可比的透明度要求，是对“事中”和“事后”信息的透明度要求。“三可”在《巴黎协定》谈判中的“遵约”“全球盘点”中都有相应的延伸。针对发展中国家的国情，本着“共同但有区别的责任”原则，《巴黎协定》在透明度“三可”基础上，给发展中国家设置了一系列“灵活性”条款和“赦免”条款，增加了发达国家在资金、技术、能力建设等方面强制性提供信息的要求。随着谈判的逐渐推进，在“国家自主贡献”的提出和更新过程中也加入了相似的要求，对所有缔约的“事前”信息的透明度提出了要求，补充了透明度的内涵和外延。《巴黎协定》及其实施细则谈判中，透明度议题成为一大亮点，给“自下而上”的国家自主贡献，设置了一道“自上而下”的监控体系，系统性提升了《巴黎协定》的完整性和功能性。《巴黎协定》下的透明度议题涉及各缔约方公开有关事前、事后和常规性信息，包括国家自主贡献、国家信息通报、国家温室气体清单（报告）、发达国家两年报和发展中国家两年更新报、发达国家年度温室气体清单、发达国家国际评估与审评（International Assessment and Review，IAR）和发展中国家国际磋商与分析（International Consultation and Analysis，ICA）、全球盘点（以及2018年促进性对话）等。

透明度是现代多边环境条约中履行程序正义的手段。透明度机制的设置和运行是在国际多边框架下增进缔约方之间相互信任、促进协议各项内容顺利推进的重要保障，相当于给“国家自主贡献”上了一道保险，不履行透明度义务的缔约方将面临名誉损失。由于碳排放的生存权和发展权属性，围绕碳排放建立的透明度机制，是各国政府治理能力现代化和治理体系现代化建设的客观需要，是实现可持续发展的必然要求。掌握了数据信息，才能在其基础之上进行政策的设计，进而推动行为改变。总体而言，发达国家和发展中国家对于透明度的重要性能够达成共识，主要分歧在于发展中国家在透明度的制度体系和方法体系的建设水平上都与发达国家存在差距，因此存在能力上的不足。因此，发达国家中欧盟和伞形集团都力推透明度的逐步机制化和常态化，而发展中国家始终要求给能力有限的国家留有足够的灵活性。

三　未来走向和趋势

随着《巴黎协定》及其实施细则谈判的达成和2020年后《巴黎协定》面临全面履约，《公约》开始建立、《巴黎协定》逐步完善的全球气候治理透明度机制将逐步落地。发达国家和发展中国家在履约过程中都将面临趋严的透明度履约要求，对于发展中国家，严格的透明度机制一方面是挑战，一方面也是建立健全国内数据统计和信息公开的机遇，通过借助国际社会的帮助，完善国内气候治理体系建设，逐步提高履约的能力和质量。发达国家在给予发展中国家知识、技术分享和资金支持方面则需要加强，共同推进全球履约能力的提升。

第七节 低碳发展战略

一 在《联合国气候变化框架公约》及其附属协议中的体现

国家自主贡献秉持国家自愿、自下而上的原则，坚持了《公约》中“共同但有区别的责任”原则和“各自能力”原则，维护了多边主义的有效性。然而，联合国环境署分析报告称，全球减排行动目标加总起来也无法实现全球1.5℃目标和2℃目标[①]。因此，国际社会亟须提升应对气候变化目标的雄心，提高应对气候变化行动的力度，建立长期低碳发展的市场信心和政策愿景。《巴黎协定》要求所有缔约方都要努力制定并通报长期温室气体低排放发展战略，秉持《巴黎协定》第2条所述“共同但有区别的责任”原则、“各自能力”原则，考虑不同国家的国情。

二 主要分歧及各方立场

在可持续发展背景下，气候变化仅是多项重大全球挑战之一。气候变化的政策和行动融入可持续发展各项目标之中，形成协同效应和工作合力，这是广大发展中国家的普遍共识。单纯实现气候变化目标，不足以将社会风险最小化，特别是保障生活质量、人体健康、可持续经济发展方面，需要气候变化政策和行动与其他社会经济发展目标相统筹，因此需要制定长期战略来释放这种长期信号，建立长期的信心。在制定长期低碳发展战略问题上，发达国家和发展中国家基本达成共识，但在内容和主要关切上存在分歧。发达国家更关注减排目标的设定和实现路径，战略导向也是以实现减排目标为主；发展中国家则更关注减排目标与经济社会发展目标的协同，关注实现减排目标的成本以及如

① UNEP, “The Emissions Gap Report 2018”, United Nations Environment Programme, Nairobi, 2018.

何平衡推进减排、适应、经济、社会的发展。

三　未来走向和趋势

总体来看，战略的实施几乎完全依赖于各国的自身情况及自主意愿，《巴黎协定》并未就中长期战略的实施提出任何要求或制度性安排，只要国家自主贡献在既定的轨道上予以实施，那么中长期发展战略应该被认为是有效执行和实施了。各国如果有较强的国内立法，长期战略的法律效力就相对较强，如果国内立法松散，特别是国家层面上的气候能源领域立法不完善，则长期战略变成了空中楼阁。因此，在强调各国提出长期低碳发展战略的同时，如何通过国内或者国际法保障和促进低碳战略的持续稳定实施也应该进一步磋商。部分发展中国家在制定低碳发展战略的能力上也可能存在不足，如何构建机制帮助发展中国家制定科学、有效的低碳发展战略也是未来需要商议的问题。

延伸阅读

1. 潘家华：《气候变化经济学》（下册），中国社会科学出版社 2018 年版。

2. 刘哲：《中国参与气候变化国际合作的重点领域和关键问题》，中国环境出版集团 2019 年版。

3. 李俊峰等：《减缓气候变化：原则、目标、行动及对策》，中国计划出版社 2011 年版。

4. Tom Tietenberg，Lynne Lewis，*Environmental & Natural Resource Economics* (*9th edition*)，Pearson Education，Inc.，2012.

5. Erkki J. Hollo，Kati Kulovesi，Michael Mehling，*Climate Change and the Law*，Springer，2013.

练习题

1. 如何理解气候公约的“共同但有区别的责任”原则？

2. 全球气候治理中有哪些关键问题？

3. 主要国家在减缓议题上的立场分歧是什么？

4. 列举服务于《联合国气候变化框架公约》和《巴黎协定》的资金治理机制。

第五章

全球气候治理的主要参与方及其立场

在全球气候治理进程中，所有参与方均有发言权，但各方的发言权重显然不是均等的。具有话语权的主要参与方的国际地位在客观上起着主导和决定性的作用。主要国家在气候变化问题上的利益取向、政策立场、政策演变趋势等问题关系到气候变化国际谈判的力量对比，影响未来国际气候制度的演变方向。本章将对全球气候治理中的主要国家和集团经济、排放特征进行描述，梳理其面临的挑战，分析其在全球气候治理中的立场。

第一节　全球气候治理中的欧盟及其立场

欧盟是一个区域一体化组织，目前有 27 个成员。[①] 欧盟对外统一安全和外交政策，施行统一关税。欧盟所有成员作为一个整体参与气候谈判，在国际气候谈判和行动中，一直比较积极。欧盟的经济发展较慢，人口老龄化、增长缓慢。欧盟的排放贸易体系和内部一系列能源、气候政策，有效地促进了减排。欧盟超额实现其到 2020 年，在 1990 年排放水平基础上减排 20% 的目标。对于今后的气候行动，欧盟推出了绿色协议，目标是进一步提高欧盟的 2030 和 2050 减排目标，并使欧盟率先实现零碳经济，同时将减排和环保技术打造成欧盟新的经济增长点。同时，欧盟在减排领域，也存在成员国立场不一、欧盟预算资金有限、边境碳税实施难等诸多挑战。

① 由于数据可得性，本章部分欧盟统计数据是包含英国的原欧盟 28 国数据。

一　欧盟经济发展和排放趋势

虽然同为发达国家，和仍然处在上升期的美国相比，欧盟的经济增长缓慢，人口老龄化，欧盟整体上保持极其缓慢的增长，但是部分成员国呈下降趋势。在区域一体化方面，欧盟实现内部取消国界的“申根协议”、统一货币（19个国家使用欧元，有统一的欧洲银行），而且欧盟统一外交，在国际气候谈判中，欧盟国家用一个声音说话，集体承诺。对内则通过欧盟直接管理的排放贸易体系和向各成员国分解任务的办法，确保目标的实施。

从1990年到2018年，欧盟温室气体排放减少了23%，但同期GDP增加了61%。[①] 根据世界银行的数据，2018年，欧盟的GDP是18.2万亿美元（2010年不变价），从1990年到2018年，欧盟的GDP以不变价增加了62.6%。欧盟的人口总量1990年为4.20亿，到2018年增加为4.47亿，仅增加了6.4%。从1990年到2015年，可再生能源占欧盟最终能源消费的比例从6.1%增加到16.6%。更为重要的是，欧盟经济的能源强度从1990年到2018年，下降了49.2%。[②] 如图5－1所示，欧盟的绝大部分温室气体排放来自能源生产和消费。

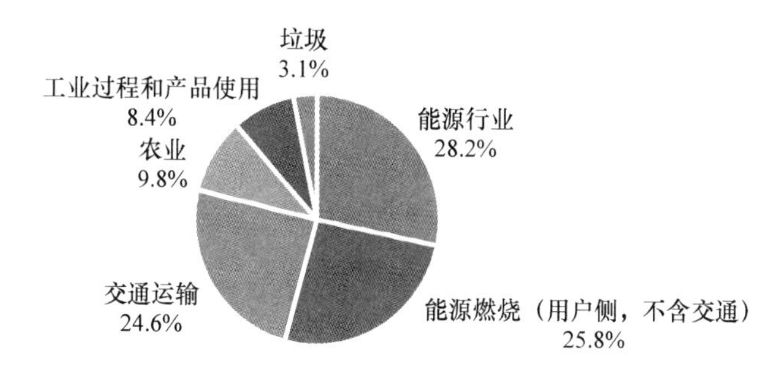

图5－1　欧盟温室气体排放来源（2017）

注：数据包含国际民航，但未包含LULUCF。

资料来源：欧盟环境署（2019）。

① EEA，2019，https：//www.eea.europa.eu/data－and－maps/indicators/greenhouse－gas－emission－trends－6/assessment－3.

② World Bank，World Development Indicators，online database，2019.

如图 5－2 所示，欧盟各行业的温室气体排放趋势是，能源供应、工业以及住房与商业建筑的排放呈稳定下降趋势。但是，交通运输、垃圾和农业的排放下降缓慢。同时，民航排放呈上升趋势，而土地利用、土地用途变化以及林业（LULUCF）一直是碳汇，每年为欧盟提供约 2.5 亿吨 CO_2 当量左右的净碳汇。这部分原因是欧盟大量采用商业林做可再生能源，加上秸秆、市政垃圾焚烧发电供暖等，欧盟的来自生物质的二氧化碳排放呈上升趋势。为了减少来自民航的温室气体排放，自 2012 年起，欧盟内部的民航排放，纳入了欧盟排放贸易体系。

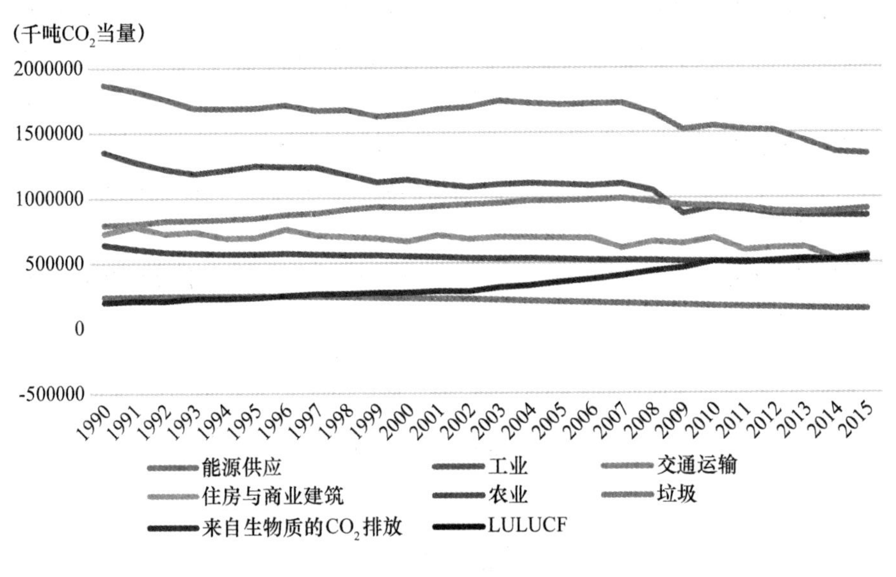

图 5－2　欧盟 28 国的温室气体排放走势

资料来源：欧盟环境署。

欧盟早在 2010 年就成立了气候行动总司，并任命欧盟气候委员，负责推进相关工作。欧盟的气候政策有两大支柱，一是排放贸易体系，一是各国责任分担。其中欧盟排放贸易体系涵盖排放大户，由欧盟直接监管。而各国的责任分担，则是把欧盟的排放目标，分解到各成员国，由各国定期制订气候行动计划，并向欧盟报告进展。欧盟的排放贸易体系从 2005 年投入运行，是世界上第一个国际温室气体排放贸易体系。第三阶段于 2020 年结束，第四阶段是 2021—2030 年。目前，欧盟排放贸易体系的覆盖范围是所有欧盟国家，外加冰岛、挪威和列支敦士登的11000多家用能大户电厂和工业企业，以及在上述国家间运行的航空公司。欧盟排放贸易体系涵盖了欧盟温室气体排放总量的45%。如表5－1所示，欧盟排放贸易体系在欧盟的温室气体排放中发挥了重要作用。除了工业和能源行业以外，如建筑、交通、服务业等的温室气体排放，则通过欧盟各成员之间分解目标的方式，由各国掌控政策实施，并定期向欧盟汇报进展。欧盟建立了一整套温室气体排放监测体系，保证排放数据的真实可靠。

表5－1　　**欧盟总体排放走势（1990—2018）**　（单位：百万吨 CO_2 当量）

	1990年	2010年	2018年
欧盟排放贸易体系	3，038	2，743	2，652
各国责任分担	2，602	2，025	2，525
国际民航排放	83	149	177
土地利用和林业	－248	－315	－241

除了排放贸易体系和责任分担外，欧盟还通过其他欧盟层面的立法，开展了一系列活动，如提高可再生能源占各国的能源消费比例：通过欧盟层面的立法，提高建筑能效和各种设备与家用电器的能效，促进能效提高；为新的小汽车和厢车，规定强制性二氧化碳减排目标；支持二氧化碳捕获与封存技术的开发和利用，用于收集和封存来自电厂和大型工业企业的排放。

欧盟的2020年温室气体减排目标为在1990年排放量的基础上，减排20%。2017年，欧盟28国的温室气体排放量比1990年的水平低22%，也就是说欧盟可以超额完成其2020年在1990年的基础上减排20%的温室气体减排目标。[①] 此外，欧盟在其第一份《巴黎协定》自主贡献中设定的目标是到2030年，温室气体减排40%，在即将提交的第二份自主贡献中，欧盟会计划将这一目标提高到50%—55%。由于欧盟在2018年已经修改了其可再生能源指令和能效指令，跟踪记录各国排放政策和走势的Climate Tracker预计，欧盟继续其现有政策，可以实现到2030年减排50%的目标。

① Greenhouse gas emission statistics－emission inventories，2019年6月更新版。

二 欧盟气候治理的挑战

（一）成员多样性增强，减排目标难协调

作为一个区域一体化组织，欧盟的气候治理包括欧盟成员的集中决策和协调，但执行主要集中在成员国层面。而且欧盟的立法和重大决策，都要经过由欧盟公民直选的欧盟议会和代表欧盟各国利益的欧盟部长理事会这两大立法机构通过。因此，欧盟在气候领域的影响，一方面欧盟占到发达国家总数一半以上，拥有四亿多消费者，欧盟及其成员提供了全球将近一半的国际气候援助资金，是世界上 80 多个国家和地区的最大贸易伙伴。同时，欧盟内部 27 个成员，无论在经济发展水平和结构还是能源结构和进口依存度，以及减排成本和成效方面，都存在很大差异。这也使欧盟内部决策和政策实施方面，面临一些难题。

从《京都议定书》达成的 1997 年到 2003 年，欧盟只有 15 个西欧、北欧和南欧成员。2004 年的一次大规模东扩，增加了 10 个成员（爱沙尼亚、拉脱维亚、立陶宛、马耳他、波兰、斯洛文尼亚、斯洛伐克、捷克共和国、匈牙利和塞浦路斯）。在之后的几年中，保加利亚、罗马尼亚和克罗地亚也都加入了欧盟。到 2013 年，欧盟成员国数量增加到 28 个。大量新成员的加入，增加了欧盟内部的协调难度。由于经济发展水平差异，欧盟内部在减排责任分担的时候，很大程度上参考各国的人均 GDP，对经济比较发达的北欧和西欧国家制定较高的减排幅度，而对经济发展相对落后的南欧和中欧、东欧国家，规定相对宽松的减排目标。由于克罗地亚 2013 年才加入欧盟，因此克罗地亚的目标是之后补充的。不论在欧盟财政分担和欧盟内部减排任务分担上，都是参考经济发展水平，在经济快速发展或顺利的时候，或者多数大国帮助少数小国的时候，尚可应付。但大规模的欧盟东扩，使欧盟的总体负担加重，而且在国际金融危机、欧元区国家债务危机、难民危机以及最近的疫情危机的情况下，欧盟内部民族主义抬头，内部凝聚力下降，减排目标协调愈加困难。

欧盟还有不少成员使用煤炭和泥炭等固体化石燃料，提高减排目标会增加煤炭和高能耗行业的减排压力。因此，波兰已经明确表示，不参与绿色协议。如表 5－2 所示，2017 年，波兰的排放占到欧盟 28 国的 9.3%，是欧盟的一个排放大国。2019 年波兰的人均 GDP 是 12950 欧元，不足欧盟 27 国人均 GDP

水平（27890 欧元）的一半。[1] 2017 年波兰的能源结构中，煤炭占比 79%。除了波兰外，爱沙尼亚（73%）、希腊（61%）、捷克（57%）的能源结构中，煤炭也占据重要地位。除了内部开采外，欧盟还从俄罗斯、哥伦比亚、美国等进口煤炭，2017 年，煤炭占到欧盟能源生产的 19%。在这种情况下深度减排，高度依赖煤炭的国家和地区首当其冲会面临减排压力[2]，因此相关行业和成员国对欧盟的减排问题持抵制态度。虽然欧盟宣布希望"一个也不掉队"，并宣布，在下一个 7 年预算中，将预算的 25% 用于气候行动和环境项目开支。但这些资金相对于深度绿色转型所需的资金总量，差距很大，绝大部分实施资金仍需各成员国和企业筹措，因此在实际实施过程中，仍面临很多难题。

表 5－2　**欧盟各成员减排目标分担情况**

	2020 减排目标分担（相对于 2005 年排放水平）	2017 年实际排放量（百万吨 CO_2 当量）	2017（相对于 1990 年水平）	占欧盟 28 国 2017 年排放量比重
EU 27 ＊英国退出			81.0%	
欧盟 28 国		4483.1	78.3%	100%
比利时	－15%	119.4	79.7%	2.7%
保加利亚	20%	62.1	60.5%	1.4%
捷克	9%	130.5	65.3%	2.9%
丹麦	－20%	50.8	70.5%	1.1%
德国	－14%	936.0	74.1%	20.9%
爱沙尼亚	11%	21.1	52.0%	0.5%
爱尔兰	－20%	63.8	112.9%	1.4%
希腊	－4%	98.9	93.6%	2.2%
西班牙	－10%	357.3	121.8%	8.0%
法国	－14%	482.0	86.6%	10.8%
克罗地亚	11%	25.5	78.7%	0.6%
意大利	－13%	439.0	84.1%	9.8%
塞浦路斯	－5%	10.0	155.7%	0.2%

① 有关波兰、其他欧盟成员、欧盟的统计数据均来自欧盟统计局 Eurostats。
② Eurostat, Shedding Light on Energy in the EU－A Guided Tour of Energy Statistics, 2019.

续表

	2020 减排目标分担（相对于 2005 年排放水平）	2017 年实际排放量（百万吨 CO_2 当量）	2017（相对于 1990 年水平）	占欧盟 28 国 2017 年排放量比重
拉脱维亚	17%	11.8	44.3%	0.3%
立陶宛	15%	20.7	42.7%	0.5%
卢森堡	-20%	11.9	90.8%	0.3%
匈牙利	10%	64.5	68.5%	1.4%
马耳他	5%	2.6	112.2%	0.1%
荷兰	-16%	205.8	90.9%	4.6%
奥地利	-16%	84.5	106.2%	1.9%
波兰	14%	416.3	87.7%	9.3%
葡萄牙	1%	74.6	122.8%	1.7%
罗马尼亚	19%	114.8	46.1%	2.6%
斯洛文尼亚	4%	17.5	93.8%	0.4%
斯洛伐克	13%	43.5	59.2%	1.0%
芬兰	-16%	57.5	79.5%	1.3%
瑞典	-17%	55.5	76.3%	1.2%
英国	-16%	505.4	62.4%	1.3%

资料来源：2020 排放目标来自欧盟委员会 2009 年的排放目标分解决议，https：//eur-lex.europa.eu/legal-content/EN/TXT/? uri=uriserv：OJ.L_ .2009.140.01.0136.01.ENG#page=12；2017 年排放水平与 1990 年水平对比来自 Eurostats 2020 年 1 月更新的成员国排放数据，https：//ec.europa.eu/eurostat/databrowser/view/T2020_ 30/default/table；2017 年实际排放水平和占比来自 Eurostat 2019 年的简报 Greenhouse gas emission statistics - emission inventories，https：//ec.europa.eu/eurostat/statistics-explained/pdfscache/1180.pdf（2017 年排放数据包含国际民航和间接 CO_2 排放，但未包含 LULUCF）。

（二）内部资金需求增加，对外援助意愿降低

欧盟的财政资金来源可以分为几类[①]：（1）传统收入来源如关税；（2）增值税提成；（3）按照国民收入上交的资金；（4）其他收入，包括欧盟

① Elisabeth Durel，Pieere Chrzanowski，Rufus Pollock，and Jonathan Gray，“Where Does Europes's Money Go? A Guide to EU Bedget Data Sources”，July 14 2015，https：//community.openspending.org/resources/eu/.

职员缴纳的税金、非成员提供的资金以及对企业征收的罚款。2018 年，欧盟财政总收入 1586.43 亿欧元，约占欧盟当年国民收入总量的 1% 左右。由于欧盟的预算资金最重要来源是各成员国依照国民收入比例提交的资金，而开支方面，则有很大一部分资金用于帮助比较落后的行业、社会群体和地区，因此在欧盟层面上存在资金转移，即部分较富有的成员国是净资金贡献国，而人均收入较低的南欧、东欧和中欧国家是资金净获取国。尽管欧盟给各成员国带来了各种各样的好处，但是长期承担大额净财务贡献的国家的纳税人，在经济困难时期，难免会质疑欧盟经费分摊规则的公平性，反对需要进一步增加欧盟经费开支的做法。比如，英国一些选民支持脱欧的主要原因之一就是英国对欧盟的长期净财务贡献。[①] 英国广播公司（BBC）的报告显示，2017 年，英国平均每年对欧盟的财务净贡献是 74.3 亿欧元（65.5 亿英镑）。[②] 英国的脱欧，将使欧盟的预算留下每年 70 亿欧元左右的缺口。这意味着其他成员国的出资需要增加。截至 2020 年 2 月底，有关下一个 7 年长期预算的谈判尚未达成一致。17 个东欧、南欧和中欧国家则要求欧盟继续提供资金，帮助缩小成员各国之间的经济、社会差距，反对缩减这方面的预算。而欧盟预算长期净贡献的丹麦、芬兰、瑞典、德国、奥地利与荷兰则主张将欧盟预算控制在国民生产总值的 1%，将资金重点用于支持欧盟的“现代化”政策优先领域，如数字技术、研发创新、提高欧盟的竞争力。[③]

三　欧盟在气候谈判中的基本立场

（一）国际气候治理的引领者

欧盟一方面积极采取气候行动，另一方面，通过国际合作，推动其他国家积极应对国际气候变化，是国际气候治理的引领者。欧盟的气候政策、能源政策目标总体上，逐渐严格（见表 5－3）。2018 年，欧盟提高了其可再生能源

---

① European Commission, “EU Citizens Living in Another Member State－Statistical Overview”, March 11, 2020, https://ec.europa.eu/eurostat/statistics－explained/index.php/EU_citizens_living_in_another_Member_State_－_statistical_overview#Key_messages.

② Tamara Kovacevic, “EU Budget: Who Pays Most in and Who Gets Most Back?” BBC Reality Check, May 28, 2019, https://www.bbc.com/news/uk－politics－48256318.

③ European Parliament, The European Council and the 2021－27 Multiannual Financial Framework, Briefing－European in Action, 2020.

指令和能效指令下的2030目标，为进一步实现减排创造了条件。根据气候跟踪者（Climate Action Tracker）的模型预测，如果欧盟实施现有的政策，可以在2030年实现48%的减排（不包括来自国际民航的排放）。

表5-3　**欧盟的气候政策演进一览**

	欧盟在《京都议定书》第一承诺期的减排目标（2008—2012）	欧盟气候能源一揽子方案	欧盟在《京都议定书》第二承诺期的目标（2013—2020）	2030（欧洲理事会通过的目标）	欧盟的国家自主贡献	2030（“欧盟人人享有清洁能源”，新的气候和能源一揽子方案）	2030绿色新政
通过时间	1997年	2008年	2012年	2014年	2016年	2018年	2020年
温室气体减排目标（相对1990）	-8%	-20%	-20%	-40%	-40%	-40%	50%—55%
可再生能源占能源消费比例		-20%		-27%		-30%	
节能		-20%		-27%		-32.5%	

欧盟委员会2019年12月推出的欧盟绿色新政（Green Deal），明确了欧盟的未来气候行动方向。绿色新政绘制了欧盟迈向碳中和与可持续发展的绿色蓝图。新政的目标是到2050年，实现温室气体净零排放，同时将欧盟2030年的减排目标，从2015年提交的第一份国家自主贡献（NDC）下的、在1990年基础上减排40%提高到减排50%—55%。并就欧盟的相关立法、欧盟层面和成员国层面的各行业的相应政策制定和调整制订了两年的计划，设立专门的预算，提供技术支撑和确保所有欧盟成员的共同参与。对外则提出计划对不采取相应程度减排措施的国家的产品征收边境碳税，从而促使其他国家也采取更加积极的减排措施，保护欧盟的产品和企业的国际竞争力。此外，欧盟还计划通过气候援助和外交，引领全球的气候行动。

（二）承认“共同但有区别的责任”原则，但需动态解释

对公约“共同但有区别的责任”原则的理解和解释，可以看出各方对

待国际气候治理的基本态度。在《京都议定书》第一承诺期，欧盟在美国退出《京都议定书》后，承担引领全球气候治理的重任，并通过执行《京都议定书》充分诠释了对“共同但有区别的责任”原则的理解，为发展中国家经济社会发展提供了支持。随着全球经济、排放格局的演化，欧盟在《巴黎协定》的谈判中提出要动态解释“共同但有区别的责任”原则，也就是希望改变发展中国家在《京都议定书》下不提出减排目标、不出资等合作方式，要求发展中国家也应该根据自身能力提出目标，包括为公约下的资金机制提供资金。欧盟相比其他要求发展中国家开展对等减排的发达国家，在共区原则上的立场相对务实，也适当顾及发展中国家的发展需求，可以促进国际气候谈判达成共识。

（三）推动提高减排目标，采取更加积极的行动

欧盟主张提高减排目标采取更加积极的全球气候行动，支持小岛国集团提出的1.5℃温控目标。减排模式上，欧盟希望继续《京都议定书》第一承诺期自上而下的减排模式，以保证全球减排目标的环境有效性，但由于缺乏排放大国的支持，只能妥协为《巴黎协定》所采取的自下而上的模式。因此，欧盟希望通过《巴黎协定》下“全球盘点”机制评估全球减排力度不足，进而要求各方提高减排力度。为了降低实现减排目标的经济成本，欧盟力主建立全球碳市场，在《京都议定书》第一承诺期，通过CDM机制，欧盟建立了欧盟排放贸易市场与发展中国家的广泛联系，并希望以此为基础，促进《巴黎协定》下全球排放贸易体系的建立。为了提高各国减排目标，欧盟在“绿色新政”中提出用边境调节碳税抵消由于不同国家的减排目标和制度差异造成的成本差异。这种制度的目的是促使欧盟的主要贸易伙伴也采取相应的温室气体减排措施。类似做法如欧盟2012年开始征收国际航空税，要求所有飞往欧盟和从欧盟发出的国际航班，必须按照其温室气体排放量缴纳排放税。但是欧盟的这一单边做法，遭到了包括美国、中国、印度、俄罗斯等国的抵制，最终其航空税只适用于欧盟内部的航班。但是欧盟的举措也推动了联合国下属的国际民航组织（ICAO）出面协调，达成了有关国际民航减排的制度安排。

第二节　全球气候治理中的伞形国家集团及其立场

伞形国家的名称来源与气候治理密切相关，指除欧盟以外的其他发达国家，包括美国、日本、加拿大、澳大利亚、新西兰、挪威、俄罗斯联邦和乌克兰等8个国家，其地理分布好似一把“伞”，故得此名。根据法国巴黎银行基金会（Foundation BNP Paribas）通过对222个国家的领土排放量进行测算形成的“全球碳地图”,[①] 2018年全球二氧化碳（CO_2）排放总量为365.73亿吨。其中，伞形国家总排放量为95.81亿吨，占全球总量的26.2%。美国和俄罗斯的排放量全球排名分别为第二和第四，而在伞形国家中则是排放量最大的两个国家（见表5-4）。

表5-4　**伞形国家集团二氧化碳排放量一览（2018）**

国家名称	领土排放量（亿吨）	全球占比（%）
美国	54.16	14.81
俄罗斯	17.11	4.68
日本	11.62	3.18
加拿大	5.68	1.55
澳大利亚	4.2	1.15
乌克兰	2.25	0.62
挪威	0.44	0.12
新西兰	0.35	0.10
合计	95.81	26.20

资料来源：Global Carbon Project, Foundation BNP Paribas, “Territorial CO_2 Emissions in $MtCO_2$”, Global Carbon Atlas, 1960-2018, http://www.globalcarbonatlas.org/en/CO_2-emissions。

① Foundation BNP Paribas, “Territorial CO_2 Emissions in Mt CO_2”, *Global Carbon Atlas*, *1960-2018*, http://www.globalcarbonatlas.org/en/CO_2-emissions.

一　全球气候治理中的美国及其立场

作为伞形国家中温室气体排放量和全球历史累积温室气体排放量最大的国家，美国在全球气候治理实践中本应发挥相对主动的领导作用。然而，由于党派在气候问题上的立场极化、总统与国会的相互掣肘、联邦与地方气候议题优先性差异、高碳行业利益集团的政策游说等，使得美国的气候政策被各方力量牵制具有高度不稳定性。美国两党在气候问题上的分歧和政策上的摇摆性，对美国的全球公共产品供给能力造成了约束。而其国内法优于国际法的规范又使其在国际层面签署的气候协议，一旦触及国内集团的既得利益，则会通过国会法案和民主投票的方式被否决，数百年前立国之父确立的旨在均衡限权的三权分立制度，尽管给予民众充分表达意见的自由，却对美国的全球公共产品供给能力造成了约束。

（一）美国近年来的经济排放发展趋势

1. 美国经济社会发展基本情况

美国经济高度发达，现代市场经济体系完善，国内生产总值居世界第一位。2019 年，美国国内生产总值（GDP）为 21.4 万亿美元，根据 2010 年不变价计算 GDP 实际增长率为 2.2%。近年来，美国着力优化产业结构，实施“再工业化”战略，推动制造业回流，工业生产保持稳定。[①] 美国总人口约为 3.32 亿人，城市化率为 82.26%（世界平均城市化率为 55.27%）。2019 年美国人均 GDP 为 65111 美元，人均可支配收入 45579 美元，同比上涨 2.4%。2018 年，美国基尼系数为 0.49，[②] 社会经济不平等状况较显著，社会流动性较差。

2. 美国碳排放趋势及关键影响因素

2018 年，美国二氧化碳排放量约为 54.16 亿吨，约占全球排放量的 15%。美国碳排放总量于 2000 年达峰，而后进入平台期，整体呈波动下降趋势。美国能源供给以石油和天然气为主，2018 年石油消费碳排放占总排放比重为

---

① 中华人民共和国外交部：《美国国家概况》，https：//www.fmprc.gov.cn/web/gjhdq_ 676201/gj_ 676203/bmz_ 679954/1206_ 680528/1206x0_ 680530/）。

② 中华人民共和国外交部：《美国国家概况》，https：//www.fmprc.gov.cn/web/gjhdq_ 676201/gj_ 676203/bmz_ 679954/1206_ 680528/1206x0_ 680530/。

41%、天然气消费排放占比为32.5%，天然气在能源消费总量中的占比呈上升趋势。[①] 美国实现碳达峰及GDP碳排放强度下降，与页岩气的广泛使用紧密相关。1998年，美国页岩气开发技术取得重要突破，引发了第一次“页岩气革命”，页岩气产量增长近20倍，且持续增长。2018年8月，美国成为世界最大原油生产国，同年12月，成为原油净出口国。美国环保署向《联合国气候变化框架公约》提交的国家排放清单指出，美国2005—2012年的碳排放量下降近10%；[②] 奥巴马政府在《巴黎协定》下也提出了2025年实现在2005年基础上减排26%—28%的全经济范围减排目标。[③] 美国联邦政府应对气候变化工作在特朗普政府时期几乎停滞，拜登政府执政后宣布重新加入《巴黎协定》并评估制定新的减排目标。

3. 地方行动

尽管在特朗普总统上任之后，在气候变化问题上逆转了前任政府的立场，对外宣布退出《巴黎协定》，对内宣布废止“清洁电力计划”，国内气候治理进程出现严重倒退。2020年的新冠肺炎疫情，使美国经济遭受重创的同时，使总统和国会选举的前景也变得扑朔迷离。由于2009—2017年奥巴马在任期间奠定了较为坚实的市场和行动基础，美国地方政府、城市和企业仍在积极采取气候行动。美国的50个州中有22个州加入了“美国气候联盟”，并承诺到2025年，各州温室气体排放要在2005年水平的基础上下降26%—28%。[④] 2017年，纽约州前州长布隆伯格发起“美国承诺倡议”，会集了1.2亿人口（全美一半人口）、筹资6.2万亿美元，签署的《我们还在》宣言声明美国不会退出减排行动。[⑤] 2018年，加州州长布朗（Jerry Brown）签署行政令（B-55-18）宣布：可再生能源发电比例将增至60%，加之土壤和林业碳捕

① International Energy Agency, Data and Statistics, https://www.iea.org/data-and-statistics?country=NZ&fuel=Key%20indicators&indicator=TotCO$_2$.

② 第19次全美温室气体（GHG）年度排放报告。

③ 邓敏：《联合国高度评价中美达成应对气候变化声明》，中国新闻网，2014年11月12日，http://www.chinanews.com/gj/2014/11-13/6768879.shtml。

④ United States Climate Alliances, "About", *Usclimate on Twitter*, https://www.usclimatealliance.org/alliance-principles.

⑤ "We Are Still in", About, November 4, 2019, https://www.wearestillin.com/about.

集，2045 年可实现零碳。[1]

（二）美国参与气候治理的挑战

1. 两党在气候变化问题上的分裂是美国参与气候治理最大的挑战

气候变化问题对于美国两党政治来说，一直是一个争议点。美国两党的气候政策与其所代表的利益集团是高度关联的，共和党历来是美国传统能源行业的代言人，主张煤、石油等传统化石燃料的生产和消费，维护传统能源公司的利益。民主党则更关注环境问题和新能源产业以及由此产生的新增就业岗位，因此大力推动气候变化立法及新能源产业发展。以奥巴马政府为例，在无法获得共和党人支持的情况下，其积极的气候政策通常只能绕开国会，通过环保署、能源署等行政机构加以推进。而特朗普执政后则旗帜鲜明地维护传统能源公司利益，通过废止民主党制定的政策、颁布新政甚至修改法律等方式体现其利益倾向和政治立场。因此，特朗普宣布退出《巴黎协定》并非临时起意，退出《巴黎协定》一来可以兑现其竞选承诺，二来与共和党传统立场一致可以获得更多党内支持。

纵观美国历届总统以及国会多数党更迭，基本形成民主党执政时期，美国加入国际气候治理进程，共和党上台退出协议，民主党再加入，共和党再退出的交替进程（见表 5 – 5）。国际社会也经历了从不适应到适应的过程，当共和党执政远离国际气候治理的时候，国际社会会转移视线，更多关注美国地方和企业层面的行动，并等待美国的再次回归。但是，美国作为全球唯一的超级大国，也是排放大国，其国家层面的政策波动和不连续性必然会对其国内和国际气候治理进程构成挑战。

2. 人口增长

与大多数发达国家人口增长缓慢甚至负增长不同，美国作为一个移民为主的国家，其人口一直保持增长的趋势，从 1960 年的 1.8 亿人增长到 2018 年的 3.26 亿人，按照 2019 年 10 月美国人口普查局发布的《美国人口的拐点：2020 年至 2060 年人口预测》报告显示，到 2058 年，全美人口将突破 4 亿。美国是全球人均能源消费最高的国家之一，世界银行数据库显示 2014 年美国

---

① Marianne Lavelle, "California Ups Its Clean Energy Game: Gov. Brown Signs 100% Zero – Carbon Electricity Bill", *Inside Climate News*, September 10, 2018, https://insideclimatenews.org/news/28082018/california – 100 – percent – clean – energy – electricity – vote – climate – change – leadership – zero – carbon – electric – vehicles.

人均二氧化碳排放约 16.5 吨，这还是在大量使用页岩气的能源结构下实现的，这个数字已经接近欧洲人均水平的 2 倍、印度平均水平的 8—10 倍。美国人口的持续增长，必然会带来碳排放的增长，是美国实现碳排放目标面临的一大挑战。

表 5 - 5　　**气候协议谈判进程中的美国总统党派归属及其关系**

协议名称	总统（党派）	总统任期年份	国会届次/时段	参议院多数党	众议院多数党	气候协议进程
《联合国气候变化框架公约》	老布什（R）	1989—1993	102th（1991—1993）	D	D	1992.5.9 签署
	克林顿（D）	1993—1997	103th（1993—1995）	D	D	1994.3.21 生效
			104th（1995—1997）	R	R	—
《京都议定书》	克林顿（D）	1997—2001	105th（1997—1999）	R	R	1997.12.11 签署
	小布什（R）	2001—2005	107th（2001—2003）	D	R	2001.3.28 宣布退出
		2005—2009	109th（2005—2007）	R	R	2005.2.16 生效
《巴黎协定》	奥巴马（D）	2009—2013	111th（2009—2011）	D	D	—
			112th（2011—2013）	D	R	—
		2013—2017	113th（2013—2015）	D	R	2016.4.22 签署
			114th（2015—2017）	R	R	2016.11.4 生效
	特朗普（R）	2017—2021	115th（2017—2019）	R	D	2017.6.1 宣布退出
			116th（2019 年至今）	D	D	2019.11.4 允许申请退出

资料来源：United States Senate，“Majority and Minority Leaders”，https：//www.senate.gov/；United States House of Representatives，“Majority Leaders of the House（1899 to present）”，in History，Art，and Archives，https：//history.house.gov/. Accessed on October 27，2019。

3. 低油价或导致页岩气开采使用率下降

页岩气是以甲烷为主的天然气，行业内称其为非常规天然气。等量的页岩气燃烧所产生的温室气体远少于煤炭、石油等传统化石能源，因此，是一种促进环境保护和经济低碳转型的新能源类型。由于页岩气的成功开采和利用，美国2005—2012年的碳排放量下降了近10%，2012年的碳排放量比2011年降低了3.4%。[1] 页岩气替代煤的使用，进一步优化了美国的能源结构，也大幅度降低了美国能源的碳含量，帮助美国实现了碳减排，甚至帮助美国实现了碳排放的峰值。但是，相对石油生产，页岩气生产需要更高的成本，当油价处于高位时，页岩气具有价格优势，受到市场青睐。但如果油价处于低水平期，页岩气生产则会受到冲击，甚至导致大量页岩气企业倒闭。2016年1月，油价跌至每桶26.55美元，208家北美生产商申请破产，涉及1217亿美元的债务；2020年的新冠肺炎疫情导致全球经济活动减少，原油需求急剧下降，以沙特为代表的石油输出国组织（OPEC）发起油价战，压低国际原油价格（20美元/桶），使其大幅低于美国页岩油成本价（32.4—46.6美元/桶，不含运输、仓储、管理等井口价）。预计到2021年底，将有533家美国公司面临破产；而若油价跌至10美元/桶，将有超过1100家企业倒闭。有分析认为，疫情过后若全球经济呈L形走势，国际低油价持续，美国可能战略性放弃页岩油气开采。[2] 页岩气的使用对美国实现碳减排具有重要意义，如果页岩气企业大面积倒闭，导致页岩气产量的下降，传统能源使用率上升，必然会对美国实现《巴黎协定》下的减排目标构成挑战。

（三）美国参与国际气候治理的立场

1. 反对发达国家、发展中国家的两分法

在国际气候治理中，发达国家与发展中国家由于历史责任不同，发展水平不同，承担不同的责任和义务，这是在1992年缔结《公约》的时候达成的共识。随后的《京都议定书》则为如何理解和执行“共同但有区别的责任”原则作出了诠释。发达国家应率先履行减排的义务，并为发展中国家提供资金、技术、能力建设的支持，发展中国家以减少贫困等经济社会发展

---

① 《美国2020年减排目标已完成过半》，《环境监测管理与技术》2014年第3期。

② 张龙星：《经济周期下全球能源格局可能重塑 美国页岩油还撑得下去吗?》，上观新闻，2020年3月24日，https：//www.jfdaily.com/wx/detail.do? id = 228184。

为优先，努力实现低碳发展。因此，《京都议定书》事实上只明确规定了发达国家减排、出资等目标任务。包括2012年多哈会议达成的关于2012—2020年的一揽子国际气候制度安排，发达国家和发展中国家的工作目标和任务界定，基本属于两个体系，体现两分的特征。美国对两分法一直持反对立场，《京都议定书》没有给发展中国家规定责任和义务，也是小布什政府宣布退出《京都议定书》的主要原因之一。美国一直推动达成发达国家、发展中国家统一适用的制度规则，甚至要求与发展中大国如中国等开展对等减排，基本不考虑发展中国家发展水平、发展需求等特性。由于美国的强势推动，当然也是符合了欧盟的心愿，《巴黎协定》最终基本采用了弱化二分法的共同行动框架，这也是发展中国家和整个国际社会希望美国继续参与国际气候治理进程做出的妥协。

2. 自下而上反对强约束

《巴黎协定》与《京都议定书》不同，没有采取确定一个全球的目标再细分确定每个承担减排责任的缔约方的减排目标的自上而下的减排模式，而是由每个国家自己提出贡献目标，进而汇聚成《巴黎协定》行动目标的自下而上的方式。这样的安排也是美国推动的结果，美国一直秉持国内法优先于国际法的原则，不愿意接受外部给定的减排目标，更难以接受一个具有国际法律约束力的减排目标。因此大力推动在减排模式上实现相对《京都议定书》模式的根本调整，以各国自愿行动目标为基础构建全球行动目标。尽管如此，《巴黎协定》中减排目标的具体内容仍然外放于当年的缔约方会议决定文件中，也是考虑到美国国内批准国际条约可能面临风险。

3. 主张通过市场途径实现气候治理

作为一个市场经济高度发达的国家，美国一直推崇通过市场途径应对气候变化，政府资金更多是起到引导和撬动市场资金的作用。2003年，由美国环境金融学家理查德·桑德（Richard L. Sandor）创立的芝加哥气候交易所（CCX），正式确立自愿参与碳减排限额的交易机制，成为全球首个通过自愿合同对交易主体进行法律约束的市场交易平台。同年，美国纽约州前州长帕塔基（George Pataki）以区域性自愿减排组织形式创立了RGGI，针对新英格兰和大西洋中部10个州的电力行业温室气体排放进行管制和交易，这10个州的

GDP约占全美1/5，履约主体为233家化石燃料电厂。[①] 加州碳减排体系（ACR）基于2007年发起的西部气候行动（WCI），成员包括美国中西部7个州和加拿大4个省，目标是到2020年使该地区碳排放比2005年低15%。[②] 这些碳市场的建立，一方面反映了美国气候治理的思路和措施，同时也反映出美国开展气候治理的民间基础。在发展中国家非常关注的资金问题上，美国仍然主张通过市场筹集用于支持发展中国家应对气候变化的帮扶资金，如在《哥本哈根协议》中美国承诺发达国家到2020年推动筹集1000亿美元气候援助资金，并不是指美国要出资1000亿美元，而是由美国及其他发达国家一起推动筹集1000亿美元，这里面包括了发达国家可能提供的公共资金预算，更大的部分则来自各种市场机制和主体。由于市场的不确定性，发展中国家普遍对美国在资金来源方面的立场表示反对，希望美国作为历史以来最大的温室气体排放国，最富裕也是能力最强的发达国家能以公共资金注资《公约》资金机制，保障《公约》资金机制的运行。

二　全球气候治理中的俄罗斯及其立场

同为"伞形国家集团"的俄罗斯联邦与美国在对最大化发挥碳交易机制激励作用方面的立场是一致的，但由于冷战后原苏联加盟共和国经济低迷，《京都议定书》框架下的交易机制能够为其带来基于"热空气"的巨额收益，这使俄罗斯对全球气候治理进程的态度发生了由消极到积极的转变，但随着美国的退出和《京都议定书》第二承诺期的未定格局，俄罗斯的骑墙态度仍在持续。

（一）经济排放发展趋势

俄罗斯位于欧亚大陆北部，地跨欧、亚两大洲，国土面积为1709.82万平

---

① Charles Holt, William Shobe, Dallas Burtraw, Karen Palmer, Jacob Goeree, *Auction Design for Selling CO_2 Emission Allowances Under the Regional Greenhouse Gas Initiative* (*Final Report*), October 2007, https://mde.maryland.gov/programs/Air/ClimateChange/RGGI/Documents/RGGI_Auction_Design_Final.pdf; Charles Holt, William Shobe, Dallas Burtraw, Karen Palmer, Jacob Goeree, Erica Myers, *Addendum: Response to Selected Comments*, April 8, 2008, https://mde.maryland.gov/programs/Air/ClimateChange/RGGI/Documents/Auction_Design_Addendum_April08.pdf.

② 美国中西部7个州为：加利福尼亚州、俄勒冈州、亚利桑那州、蒙大拿州、新墨西哥州、犹他州和华盛顿州；加拿大4个省为：魁北克省、不列颠哥伦比亚省、马尼托巴省和安大略省。

方公里，是世界上面积最大的国家，有世界最大的化石燃料储量，也是石油、天然气、煤炭等有机燃料的主要生产国。[1] 1917 年建立的苏联是世界上第一个社会主义政权，其通过一系列社会主义改革成为世界强国，作为第二次世界大战的战胜国，苏联成为联合国安理会五大常任理事国之一。冷战时期（1947—1991 年），以美国为首的北大西洋公约组织（NATO）所代表的资本主义阵营与以苏联为首的华沙条约组织（Warsaw Pact）所代表的社会主义阵营之间展开政治、经济和军事争霸。1991 年底，苏联解体，国际体系两极格局瓦解。俄罗斯等原苏联国家经济结构随着苏联解体发生剧变，出现了较长时间的经济滑坡。由于经济严重衰退，产业调整重组，其温室气体（特别是二氧化碳）排放水平也出现断崖式下降（见图 5-3）。

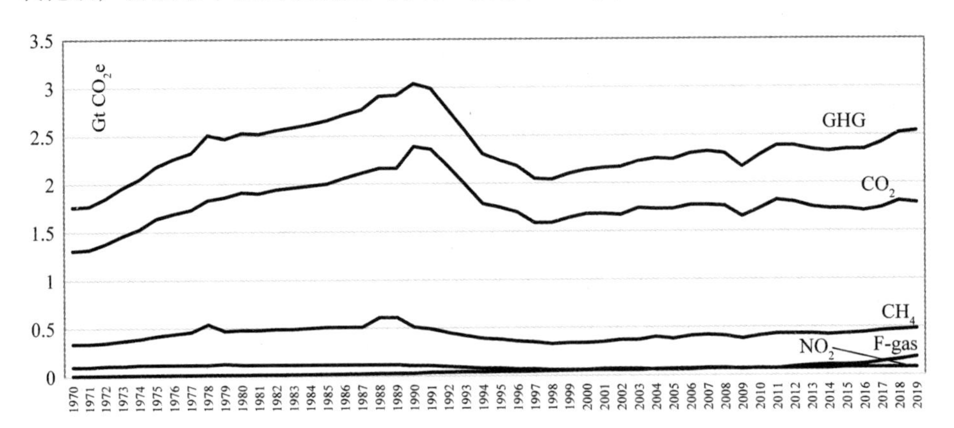

图 5-3　俄罗斯联邦温室气体排放量（1970—2019）

资料来源：Olivier J. G. J. and Peters J. A. H. W.，“Trends in Global CO_2 and Total Greenhouse Gas Emissions：2020 Report”，Report No. 4331. PBL Netherlands Environmental Assessment Agency，The Hague.

作为世界第三大温室气体排放国，俄罗斯是一个国民经济高度依赖能源生产和消费的国家，对全球气候治理的态度一直以来较为谨慎。由于参与全球气候治理要求其国内采取减排措施，会对能源部门造成较大影响。俄罗斯出口收入的一半来自能源输出，而气候治理可能影响能源消费格局尤其是减少化石燃

① Arild Moe，Kristian Tangen，*Kyoto Mechanisms and Russian Climate Politics*，Royal Institute for International Affairs/Chatham House，2000，p. 10.

料的消费比重，进而影响俄罗斯的外汇收入。

（二）参与气候治理所面临的挑战

1. 认知偏差，气候变暖有利于经济发展

俄罗斯对全球气候治理的态度并不积极，俄罗斯认为气候变暖对其经济发展可能具有积极的贡献。随着全球变暖现象的加剧，北冰洋可能将成为一座新的能源宝库。根据2008年7月美国地质勘探局公布的一份北极资源的调查报告，北极拥有相当于世界未探明储量13%的石油，以及与俄罗斯已知全部储量相当的天然气。北极圈内可利用石油储量预计为900亿桶，北极圈内未完全探明的、可获取的天然气储量估计为47万亿立方米。这些油气资源占全球未探明储量的约22%，其中石油占全世界储量的约13%，天然气占30%，液化天然气占20%。这些资源的84%分布在近海地区。[①] 而据俄罗斯估计，它所主张的区域中蕴藏着至少100亿吨石油和天然气。其中，俄罗斯能源部门的报告显示，仅俄罗斯领海范围内的北冰洋矿藏就价值2万亿美元[②]。此外，全球气候变暖使北极航线上的海冰逐渐消融，无冰期持续延长，通航条件持续改善[③]，使得北极航道的开通成为预期和可能。北极航道开通将凸显俄罗斯在欧亚间的连接作用，并使俄罗斯拥有更多的优良港口，推动沿海城市经济发展。气候变暖对俄罗斯的农业生产也有利，温度升高将使俄罗斯的耕地面积增加150%，农作物生长期每年延长10—20天，黑土区的土壤质量得到改善，适合种植温带和亚热带作物的土地面积将增加，林木的生长速度将加快，木材蓄积量将大大增加。[④]

2. 资源丰富，地域广阔，资源环境约束小

俄罗斯面积广阔，有1000多万平方公里，几乎是等于中国加美国的面积。

---

① 国土资源部咨询研究中心：《北极地区油气资源储量惊人》，国土资源部咨询研究中心网站，http：//www. crcmlr. org. cn/news_ zw. asp? newsId = L809081554054363。

② 何一鸣：《俄罗斯气候政策转型的驱动因素及国际影响分析》，《东北亚论坛》2011年第3期。

③ Perovich，D. K.，Richter - Menge，J. A.，Jones，K. F.，et al.，“Sunlight，Water，and Ice：Extreme Arctic Sea Ice Melt During the Summer of 2007”，*Geophysical Research Letters*，2008；胡德良，Perkins S.：《北极地区的变暖速度是世界其他地区的两倍》，《气候变化研究进展》2013年第5期；Aksenov，Y.，Popova，E. E.，Yool，A.，et al.，“On the Future Navigability of Arctic Sea Routes：High - resolution Projections of the Arctic Ocean and Sea Ice”，*Marine Policy*，2016，http：//dx. doi. org /10. 1016 /j. marpol. 2015. 12. 027i。

④ 何一鸣：《俄罗斯气候政策转型的驱动因素及国际影响分析》，《东北亚论坛》2011年第3期。

但人口仅为中国的10.42%、美国的44.24%。[①] 广袤的土地也蕴含了丰富的资源，人们在日常生活中很少会因为节约资源去改变生活方式。对于污染物的治理，俄罗斯人认为环境污染主要是因为环境承载力在一定的时间和空间缺乏而导致的。俄罗斯地广人稀，基本可以通过环境自净能力处理污染物而并不需要支出过于高昂的成本去解决排放问题。俄罗斯作为原苏联主要国家，长期以来的帝国身份增加了国民对自我认知的坚持，因此在俄罗斯要推动国民生产、生活方式以及消费方式的改变比较困难。

3. 视“热空气”为既得利益难言放弃

在《京都议定书》下，包括俄罗斯在内的原苏联加盟共和国成功实现了以苏联解体之前1985—1990年的排放量作为参与全球气候治理的基准年排放值。《京都议定书》下定义的这些转轨国家若按《京都议定书》的规定，不仅不用实施减排行动就能完成任务，还会在无须主动采取减排措施的情况下，获取超出减排指标14%左右的减排额，用于排放贸易，赚取大量外汇，此即“热空气”。据测算，原苏联加盟共和国履行《京都议定书》将意味着其成为98%“热空气”的来源地，而俄罗斯将得到这其中的4/5，是完全没有成本的净收益。国际社会也非常担忧大量没有减排成本的“热空气”进入国际碳市场，必然导致碳配额价格扭曲，损害甚至摧毁国际碳交易机制，因此一直试图对热空气的使用进行约束。然而，俄罗斯等东欧转轨国家视“热空气”为既得利益，在国际碳市场构建进程中积极争取这些排放配额的合法化，捍卫自身利益。

（三）俄罗斯的立场

1. 不做积极贡献者，也不做旁观者

俄罗斯过去长期对气候变化持怀疑和消极态度，近期有所转变。俄罗斯资源丰富，经济倚重于化石能源出口，全球增加化石能源消费对其有利。苏联解体后，经济急剧衰退，目前排放量水平比1990年还低1/3。当前的国际减排目标，对俄罗斯没有什么压力。而且，俄罗斯有相当部分人认为气候变化对其影响是有利的。这些因素决定了俄罗斯很难真正采取积极姿态控制温室气体排放，但随着应对气候变化和发展低碳经济成为国际潮流，俄罗斯也不愿孤立于

---

① 中华人民共和国外交部：《俄罗斯国家概况》，2020年10月，https://www.fmprc.gov.cn/web/gjhdq_676201/gj_676203/oz_678770/1206_679110/1206x0_679112/；中华人民共和国外交部：《美国国家概况》，2020年9月，https://www.fmprc.gov.cn/web/gjhdq_676201/gj_676203/bmz_679954/1206_680528/1206x0_680530/。

世，希望发出大国声音，甚至获取气候变化问题之外的利益。

2. 不承担减排和资金的责任和义务

既然没有把气候变暖作为发展的威胁，甚至视之为潜在的发展机遇，俄罗斯参与国际气候治理必然不会表现积极，更不会为此承担全球的减排和资金的义务。根据世界银行数据库，俄罗斯1990年的二氧化碳排放量为38.6亿吨，由于苏联解体，俄罗斯经济剧烈震荡，二氧化碳排放1998年的时候下降为14.95亿吨，基本与1960年的14.48亿吨持平。之后缓慢复苏，2015年的排放量为16.98亿吨。同年，俄罗斯在《巴黎协定》下提出的减排目标为包含森林等土地利用变化平减后的国家温室气体排放总量到2030年不超过1990年温室气体排放量70%—75%的目标。而根据《公约》秘书处网站数据显示，俄罗斯1990年的温室气体排放总量（含LULUCF）为31亿吨，该指标2015年的数值为15亿吨，1990年的70%为21.7亿吨，也就是即便实现比较严格的目标，俄罗斯仍然可以在目前的基础上增加排放6.7亿吨，相当于可以在2015年排放量基础上增加排放45%。因此，这样的目标毫无积极性可言，但也符合俄罗斯在国际气候治理中的立场。资金议题上，俄罗斯从未承担资金责任，《京都议定书》下俄罗斯作为转轨国家，只有减排目标，没有提供资金的目标；《巴黎协定》下俄罗斯在出资问题上也没有做出任何承诺，如何保留手中“热空气”的既得利益并在国际碳市场实现交易获利是资金问题上俄罗斯更加关注的问题。

3. 寻求交换实现气候治理之外的利益

既然气候议题不是俄罗斯的核心关切，却是欧盟等其他国家的重要关切。因此俄罗斯在这个问题上的灵活性就会相对增加，并且可以把气候议题作为牵制对手并与对手进行交易的条件。如俄罗斯将批准《京都议定书》与加入世贸组织相挂钩，并与欧盟实现了交易。2001年美国小布什政府宣布退出《京都议定书》，导致《京都议定书》生效出现巨大障碍。根据《京都议定书》生效的规定，只有在不少于55个《公约》缔约方，其中至少有占工业化国家1990年二氧化碳排放量55%的发达国家批准议定书后，《京都议定书》方能生效。美国退出后，俄罗斯成为达到生效要求的关键国家。于是，欧盟主动提出，若俄罗斯批准《京都议定书》，则支持俄罗斯加入世界贸易组织（WTO）。俄罗斯于2004年11月18日批准了《京都议定书》，使得《京都议定书》在2005年2月16日生效。2012年，俄罗斯正式加入世贸组织，成为第156个成员国。在参与气候治理并不符合俄罗斯对全球变暖的价值判断和认知的情况下，俄罗斯还继续参与国际气候治理进程，气候治理之外的诉求包括北极治理、地缘政治等可能构成重要原因。

第三节　全球气候治理中的小岛国集团及其立场

小岛屿国家联盟（Alliance of Small Island States，AOSIS）成立于1990年第二届世界气候大会日内瓦会议，成员国都是岛国和海岸线低洼的国家，受气候变化带来的威胁最为严重。小岛国联盟受目前有43个成员，分布于非洲、加勒比海地区、印度洋地区、地中海地区、太平洋和中国南海地区；其中10个属于最不发达国家，6个属于非洲集团，3个属于玻利瓦尔集团；37个联合国成员，占发展中国家总数的28%、联合国总成员数量的20%。

联合国训练研究所和英联邦国家的一个研究小国的咨询小组提出的标准小岛国是指那些面积不到2万平方公里、人口不足百万的被海洋包围的岛屿国家。随着第三世界国家在国际舞台上的崛起，小岛国要求维护其在经济、政治、文化、社会和地理气候方面的特殊性。除地中海一些岛国以外世界上小岛国大都位于赤道两侧，林木茂盛，景色秀丽，农林、牧渔业自然生产率很高。然而龙卷风、台风、干旱、地震和火山爆发等自然灾害也常有发生。小岛国社会特别容易受到外来的干扰，他们可能由于移民或旅游者带来的传染病而大批死亡。小岛国居民来源各不相同，有些岛国自古就有本土居民，有些岛国全是外来移民。岛上居民异族杂居，造成了人种与文化的混合。本土文化传统和外来文化融为新奇独特的合成文化。小岛国的教育发展受到人口少的限制。尤其在专业化领域中由小岛国独自提供教育机会是困难的。因此，需要加入范围更广的文化教育机构，或创办区域性高等学府。例如，在牙买加、特立尼达和多巴哥设有为加勒比地区服务的西印度大学、在斐济设有由南太平洋各岛国集资的南太平洋大学。

一　经济排放发展趋势及特征

小岛国联盟的人口总数2017年达到6309万人；GDP总量达到6557亿美元。古巴人口最多，巴布亚新几内亚面积最大。领海面积总和占了地球表面的

1/5。小岛国的经济总体情况要好于最不发达国家（见表5－6），但经济规模过小，经济结构单一，脆弱性凸显，应对气候变化能力极弱。从某些指标来看，小岛国的危机甚至甚于最不发达国家。

表5－6　　**小岛国联盟国家人口、GDP、CO_2e等指标**

年份	国内生产总值（百万美元）	单位国内生产总值（美元/人）	温室气体排放总量（$MtCO_2e$）	人均温室气体排放量（tCO_2e 每人）	单位GDP温室气体排放量（tCO_2e/百万美元）	人口（百万人）
2015	600350.30	9715.09	257.07	4.16	428.20	61.80
2016	616121.71	9866.09	260.41	4.17	422.66	62.45
2017	655739.78	10394.48	258.65	4.10	394.44	63.09

注：温室气体排放量数据的统计口径为受《联合国气候变化框架公约》及《京都议定书》管控的所有温室气体，不包括土地利用和土地利用改变造成的温室气体排放源和汇的变化。

资料来源：WRI，CAIT，Global Historical Emissions，https：//www.climatewatchdata.org［2021－03－25］。

小岛国的经济结构往往单一，以出口当地产品为主，同时又靠进口来满足当地的消费。在每一个生产阶段，出口和进口都是分不开的，甚至连机器都需要运到国外去修理。荣获诺贝尔经济学奖的圣卢西亚经济学家阿瑟·刘易斯在20世纪50年代提出的关于西印度群岛的经济思想为吸引外资、引进技术并利用当地廉价劳动力找到了理由，他指出，“穷国的人民将绝大部分收入用于吃住，只有很小一部分用来购买制成品。从目前他们这种很低的生活水平看，西印度群岛的制造业按本地区的购买力只能为极少数人解决就业问题”。他认为，在二元经济中若劳动力的来源确实是“无限的”，那么高工资部门吸走了劳动力不一定会抑制与之竞争的部门。这种国内市场狭小，且缺乏专门人才和资金的情况，使小岛国的加工工业难以依靠自力而发展。加勒比地区的一些小岛国向北美跨国公司实行经济开放政策。然而，由此而发展起来的经济是十分脆弱的，这是因为，资本密集型经济吸引劳动力的能力有限，对资本密集型工业的投资不能消除大量失业现象，跨国公司所获利润大部分返回北美，未能在当地再投资以循环增殖，引进技术所需费用往往超出小岛国的经济能力，税收有限而使政府无法筹集为建设基础设施所需要的巨额资金。

此外，小岛国的贸易流向多为伞形国家和欧盟，美国、日本、澳大利亚是这些国家的主要出口地。中国与小岛国的贸易合作仅限于个别大洋洲、非洲和亚洲小岛国。中国与佛得角2009年贸易额为3541万美元，同比增长136.8%。中国政府明确表示要加强与小岛国的经贸往来，并表示支持小岛国的可持续发展，在实际合作层面还有很大的发展潜力。

小岛国内部也有多样性，人口、经济发展水平各有不同。位于太平洋和大西洋—印度洋—地中海—南中国海（Atlantic，Indian Ocean，Mediterranean and South China Seas Islands，AIMS）地区的小岛国，多数是发展中国家，这些国家的人口相对年轻化。死亡率高、平均寿命低，以及适龄劳动力转移是造成这些国家人口结构年轻化的主要原因。东帝汶和几内亚比绍是发展中小岛国中人口最年轻的国家，2010年两国人口年龄中位数分别为17.4岁和18.7岁。而加勒比海地区的一些小岛国年龄结构偏大，经济发展水平也相对较高。新加坡2010年人口年龄中位数为40.6岁，大大超出了小岛国的平均水平。

气候变化领域，小岛国主要关注海平面上升带来的社会经济环境影响。小岛国的大多数人口生存在低海拔沿海地区，这些地区的海拔多数低于10米。这些国家面对海平面上升、风暴潮和洪水等自然灾害极其脆弱。2007年IPCC第四次评估报告指出，2100年全球升温导致的海平面上升将达到1.8—5.9米。而这些预测很可能是低估了的，届时，基里巴斯、马尔代夫、马绍尔群岛和图瓦卢将会沉没，这些国家的人口将遭受难以承受的影响。

小岛国的排放水平并不高，温室气体排放对全球的贡献不足1%，但这些国家面临的能源结构转型压力却丝毫不比其他国家小。2015—2017年小岛国联盟国家人均温室气体排放约4.10吨左右，人均GDP约1万美元左右（见表5-6）。

二　参与气候治理面临的挑战

全球变暖、海平面迅速升高将摧毁小岛国沿海地区的社会经济结构，使小岛国无法居住。科学界认为可以接受的海平面上升幅度，将会导致基里巴斯、图瓦卢等4个太平洋低洼沿海岛屿国家被淹没，更多的国家受到损害。图瓦卢是沿海小岛屿国家，随着全球变暖，海平面上升，图瓦卢面临着被海水淹没的危险。2000年，图瓦卢政府就曾经向邻国澳大利亚和新西兰求助，希望两国能够在危急时刻接收图瓦卢移民。对于这个请求，澳大利亚表示拒绝，新西兰则在2002年宣布，可以每年接纳75名图瓦卢移民。然而IPCC曾经预测，如果北极冰川融化的速度无法减缓，那么21世纪，甚至只需在21世纪的前半叶，图瓦卢将沉没。据科学预测，到2080年，孟加拉国约有18%的国土会被海水淹没，7000万人要转移。气候变化将造成3000万—4000万气候难民。海水盐分进入含水层破坏有限的淡水供给将切断岛国的主要供水源，还会威胁农业生产。海洋酸化和升温将摧毁珊瑚礁和渔业，威胁岛国原本就单一的经济基础。强烈的热带气旋可以在瞬间摧毁小岛国努力了多年的发展成果，小岛国在气候变化灾害来临时便会遇到灭顶之灾。

三 小岛国集团参与气候治理的立场

（一）尤其关注适应问题

小岛屿发展中国家的主要关切是气候变化的适应问题。早在2001年，UNFCCC就设立了最不发达国家适应气候变化的专项基金，由全球环境基金（Global Environment Facility，GEF）予以支撑，用于“国家适应行动计划”（National Adaptation Programs of Action，NAPAs）。NAPAs专门针对12个小岛屿发展中国家同时为最不发达国家的11个而设立。目前相关行动仅限于提高公众意识，研究和政策开发，由于资金和技术限制实际的实施项目很少。适应项目中有85%左右用于水资源管理、农业和粮食安全保障、珊瑚礁地球环境保护等领域。

（二）希望通过损失损害议题谈判获得更多资助

损失与损害议题进入国际气候谈判最早可追溯至2007年COP13，小岛国集团提出建立应对气候变化影响造成的损失与损害多窗口机制的建议，内容包括保险、恢复/赔偿、风险管理三个方面。2010年《坎昆适应框架》将“损失损害”纳入其中的一个部分。在“德班平台”谈判期间，小岛国、最不发达国家联合欧盟，在“德班平台”的谈判中异军突起，一度创造了气候谈判的热点议题。在之后的谈判中“损失损害”议题成立了“华沙损失损害国际机制”（Warsaw International Mechanism for Loss and Damage，WIM）、制订了工作计划，并成为《巴黎协定》的独立条款。WIM设置的执行委员会共20个席位，其中附件Ⅰ国家10个、非洲地区国家2个、亚太地区国家2个、拉丁美洲国家2个、小岛国1个、最不发达国家1个和非附件Ⅱ国家2个。执行委员会可在其授权内，根据需要成立具有咨询功能的专家工作组、下属委员会、专门委员会、专题咨询组和专门工作组，并向执行委员会报告。《巴黎协定》第8条是“损失损害”条款，强调了损失和损害的重要性，以及可持续发展对于减少损失和损害风险的作用，明确了WIM是《公约》缔约方会议下的机构。损失与损害议题是以小岛国为代表的发展中国家要求在《公约》下建立的新机制，为发展中国家面对气候变化不利影响提供有约束力和长效的风险保障机制。本质上，损失损害是适应的一部分，细化了适应的内容，但目的是扩大国际社会对小岛国面临的适应问题的关注，并获取更多的资金和经济社会发展的支持。

（三）要求实现1.5℃全球减排目标

减排问题上，小岛国走在了全球的前列，力主全球采取非常激进的减排目标，比如《巴黎协定》中提及的1.5℃目标，在发达国家和发展中国家责任义务方面也基本不做区分。一方面，小岛国排放量占比非常有限，且产业基础多以三产为主，全球实施大幅度的减排目标对小岛国本身的经济冲击并不大，这样的目标可以说是为其他大国提出的，对小岛国本身而言不需要考虑实现目标的成本；另一方面可以这样的高目标对排放大国施压，在国际谈判或者相关治理机制中获得一些交换利益，尤其是资金的支持。因此，小岛国在国际气候治理减排目标问题上利用其受害者身份近年来一直扮演急先锋的角色，其在减排目标上的立场一定程度上也符合欧盟的立场，或者也可能该立场就是欧盟推动下形成的小岛国的立场，因此在国际气候治理中受到欧盟的大力支持。但小岛国集团这种不区分各国发展阶段、责任和义务、不顾减排成本、不提实现路径的全球减排目标，并不科学、严谨，也难以成为主流共识。

第四节　全球气候治理中的“基础四国”及其立场

“基础四国”（The BASIC Countries）是由巴西（Brazil）、南非（South Africa）、印度（India）和中国（China）四个主要发展中国家组成的《联合国气候变化框架公约》（简称《公约》）下的谈判集团，取四国英文名首字母拼成的单词“BASIC”（意为“基础的”）为名。这四个国家都是经济发展速度较快、国际影响不断增强的发展中国家，在一些重大问题上具有相近的利益诉求。从发展上看，“基础四国”植根于“金砖五国”（巴西、俄罗斯、印度、中国、南非），是这个母体内衍生出的一个专注于气候问题的新集团。作为发展中国家中新兴经济体的代表，这几个国家在国际政治经济格局中的影响力日益扩大，同时由于基础四国整体的温室气体排放增速较快（其中尤以中国和印度为甚），在国际气候谈判进程中逐渐成为一股不容小视的新兴力量。自成立之日伊始，基础四国集团已在历次联合国气候谈判中发挥着令人瞩目的重要作用。本章主要介绍印度、巴西、南非的基本情况和立场，中国将在第八章详细介绍。

一　印度

印度是南亚次大陆最重要的国家，其国土面积约为297.47万平方公里，居世界第7位，是南亚次大陆最大的国家。印度在1947年获得独立，此后，印度开始进行大规模工业化和城市化建设，努力提高国民生活水平和国家工业能力。然而，由于缺乏环境保护意识，印度的自然资源及气候环境等都不可避免地遭受了巨大破坏，其政府所宣称的走“第三条道路”，实质上依然是一条“先污染，后治理”的发展老路。直到1972年斯德哥尔摩气候大会召开后，印度政府才开始有所作为，并逐步认识到了气候问题的重要性。近年来，印度越发重视在国际气候治理中发挥作用，但同时，其气候政策也深受国内的经济社会发展情况的影响，特别是在经济增速有可能放缓的情况下，气候治理与国内发展二者之间更是表现出相互作用、相辅相成的特点。

（一）印度近年来的经济排放发展趋势

1. 经济社会发展

近20年来，印度经济保持持续增长，但增速波动十分明显，特别是近5年来，经济增速不断下降。印度独立后至20世纪90年代开始实行全面经济改革前，经济增速一直在3%左右徘徊，至21世纪初期，才逐渐进入快速增长阶段（见图5－4）。2002—2007年，印度GDP增速均值达到7.6%。但受欧债危机和国内经济改革不利等因素影响，2010年后印度经济失速，在缓慢的恢复中，2014年总理莫迪上台，通过优化劳动力、资本，加速经济改革，增强消费驱动，改变统计口径等“莫迪经济学”手段，使印度经济增速一度成为世界第一，然而，2016年后，由于一些过激的改革举措，以及高额的政府债务和金融不良资产，导致印度出现“准衰退”现象。2020年新冠肺炎疫情暴发后，世界银行报告称，印度2020—2021财年的经济增长率将下滑至-3.2%，可能会创下1991年经济自由化以来的最差表现。①

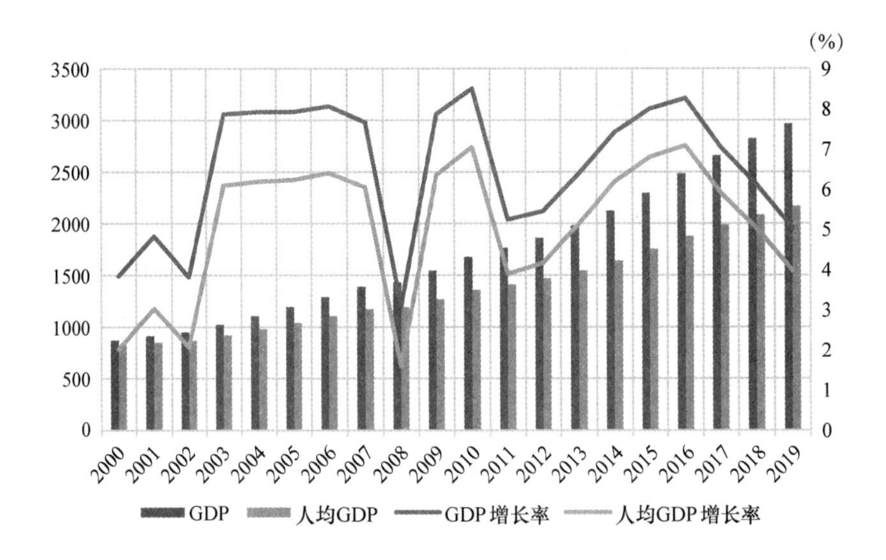

图5-4　2000—2019年印度经济发展总体情况

注：GDP和人均GDP均为按2010年不变价美元计算，GDP单位为十亿美元，人均GDP单位为美元。

资料来源：World Development Indicator，https：//databank.worldbank.org/source/world-development-indicators#。

印度人均GDP与经济增长基本保持了一致的发展趋势：总量持续增长，但增速振幅较大。经济增速的波动自然传导到人均GDP的增速上，2019年印度GDP达到2.85万亿美元，人均GDP约2100美元。按照世界银行的标准，人均996—3895美元属于中等偏下收入国家，印度就属于这一区间。在亚洲国家中，人均GDP低于印度的只有11个国家，印度基本处于亚洲人均收入最低的国家行列，但其整体经济规模位居世界前列，工业实力在亚洲更是仅次于中国、日本和韩国。人口方面，21世纪以来，印度人口总量持续增加，但人口增长率则出现显著放缓，人口密度基本保持稳定。印度的人口增长率在过去二

① World Bank Group，"Global Economic Prospects"，June 2020.

十年中一直在放缓，这归因于贫困的减轻，受教育程度的不断提高以及日益提高的城市化水平。根据耶鲁大学对印度22个主要州的政府调查，到2021年，印度大多数州的替代生育率将达到每名妇女2.1个孩子的水平。[①] 印度的人口政策经历了从自愿控制到强制控制的过程，尽管一度遭到社会反对，但计划生育一直以来都是印度政府的重点关切，特别是莫迪上台后，控制人口的态度更加坚决，并逐渐显现出成效。

2. 印度的排放趋势

排放方面，印度近年来温室气体排放量保持了持续增长，但增速有所放缓。印度是仅次于中国和美国的世界第三大温室气体排放国，根据波茨坦气候影响研究所（PIK）汇编的数据，印度2015年的温室气体排放量为35.71亿吨 CO_2 当量（Mt CO_2e），具体见图5－8。自1970年以来，排放量增长了3倍，2015年，印度人均排放量为2.7t CO_2e，约为美国的1/7，不到世界平均水平7.0t CO_2e 的一半。[②] 在印度，温室气体排放量的68.7%来自能源部门，其次是农业、工业过程、土地利用变化和林业以及废物，分别占温室气体排放量的19.6%、6.0%、3.8%和1.9%。印度于2016年10月2日，即为巴黎气候谈判提交其气候承诺或“国家自主贡献”（NDC）的整整一年之后，批准了《巴黎协定》。

排放趋势方面，根据McKinsey、TERI－MoEF等研究机构的情景预测，印度温室气体排放量在未来的10年内都将保持增长，为保障经济增长，能源使用量必然会持续上升，到2030年，人均排放量可能增加40%。尽管新技术可能减少能源消耗和排放量增长，但要进一步减缓排放量的增长，就需要能源部门进一步推动大力脱碳，这将是对印度的重要考验。

（二）印度进一步参与气候治理的挑战

1. 经济快速发展，城市化、工业化进程带来温室气体排放的刚性增长

排放方面，鉴于印度的经济还处于高速增长阶段，未来几十年间，印度的绝对排放量还将大幅增加。2005—2030年印度的经济增长率预计将保持在6%

---

① Vaishnavi Chandrashekhar, Why India Is Making Progress in Slowing Its Population Growth, December 2019, https://e360.yale.edu/features/why－india－is－making－progress－in－slowing－its－population－growth.

② Carbon Brief, The Carbon Brief Profile: India, https://www.carbonbrief.org/the－carbon－brief－profile－india 2019, 3, 14.

左右，其强度目标相当于到2030年绝对排放在2005年基础上增加180%—200%。此外，印度的电力生产目前有30%已经是非化石能源驱动的了，其中一半是水电，1/4是风电，太阳能和核能约占5%。这样看，其40%的非化石能源目标的力度也不是很大。由于能源需求的快速增加，与非化石能源竞争的煤炭在发电比例中也在大幅增加，2007年以来其绝对比例也是增加的，其绝对量是非化石能源的3倍。为实现其非化石能源目标，印度还需要大幅增加可再生能源的投资。

未来为提振经济，印度财政部在其2019—2020财年财政预算报告中提出，加大基础设施、教育和农村水电投资和进一步扩大对外开放；考虑进一步开放航空、保险等领域的外国直接投资；为带动住房建设和销售，印度还将设立一只规模为2000亿卢比的基金。[①] 据称，为刺激国内增长，印度计划未来五年在基础设施领域投资1.4万亿美元。可以预见，一旦这一系列经济刺激政策付诸实施，未来5—10年内，印度的排放需求将很难下降，必将持续保持在较高水平，如图5-5所示，国外机构对印度排放预测，到21世纪中后叶，印度化石能源碳排放才可能会达峰值。

2. 巨大的人口基数和持续的人口增长，仍然会给温室气体排放带来巨大压力

人口增长意味着能源供给的增加、农产品需求的增大、土地利用的增加，三者都会带来温室气体排放的增加。尽管印度近年来一直在尝试用各种手段控制人口增长，并且取得了一定成效，但中长期内印度人口仍将保持增长，人口带来的排放压力将持续伴随印度社会。据联合国最近的预测，到2027年，印度将超越中国，成为世界上人口最多的国家。2060年前，印度人口都将保持净增长，到2050年将再增加2.3亿人，其中大量人口将处于贫困线以下。[②] 贫困人口会带来比富裕人口更多的排放量，同时，改善生活质量的社会需求必然驱使印度政府采取更加激进的经济政策，这无疑都会给印度政府的气候治理方案带来重要的社会、经济阻力。

① 《印度将出台系列经济刺激政策》，新华网，2019年9月14日，http://www.xinhuanet.com/2019-09/14/c_1124996834.htm。

② United Nations, "2019 Revision of World Population Prospects", https://population.un.org/wpp/.

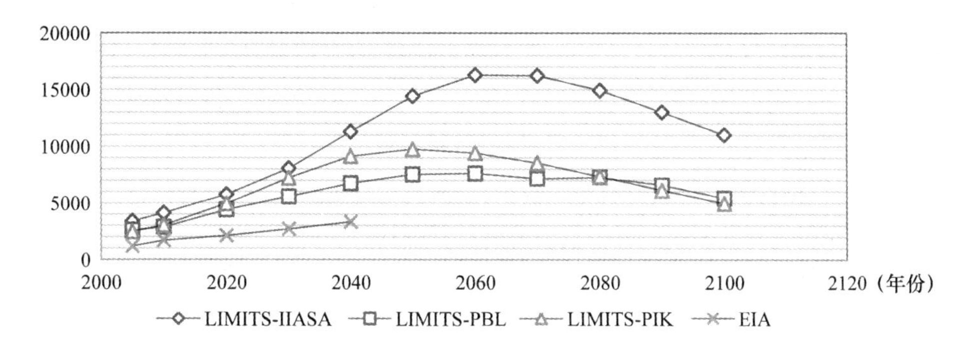

图5－5　印度化石能源碳排放量（Fossil Fuel CO_2 Emissions）**及土地利用变化和林业的温室气体排放**（GHG Emissions with Land－Use Change and Forestry）**趋势**（$MtCO_2/MtCO_2e$）

注：该数据包含美国能源信息署（EIA）引用"国家政府"的国家政府报告的排放预测（其中大多数是各国政府向UNFCCC提交的《国家通讯和两年期报告》）和一套综合评估。荷兰环境评估局（PBL），国际应用系统分析研究所（IIASA）和波茨坦气候影响研究所（PIK）的模型（IAM）。

资料来源：世界资源研究所（World Resources Institute），https：//www. wri. org/resources/data－sets/cait－emissions－projections.

3. 以煤炭为主的能源结构，将构成印度控制温室气体排放的重要挑战

根据国际研究机构CSTEP的分析显示，2005—2013年间印度的排放量中有68%来自能源部门，是第二大排放源（工业部门）的3倍多。能源相关的排放继续占主导地位，多年来，其在印度全国排放总量中所占的百分比或多或少保持不变（2005年为62%，2013年为63%）。煤炭在印度的能源结构中占据重要位置。印度是仅次于中国的全球第二大煤炭消费国，2015年煤炭消费量已超过美国。由于中国的煤炭消费量已得到有效遏制，印度的快速增长将在未来几年推动全球煤炭需求的增加。煤炭是印度电力供应的主要能源来源，自2000年以来，其煤炭发电规模增加了两倍多。2017年，煤炭发电量占印度电力的76%。[①] 近年来，印度在其可再生能源领域也有迅速

① World Resource Institute，By the Numbers：New Emissions Data Quantify India's Climate Challenge，2018，https：//www. wri. org/blog/2018/08/numbers－new－emissions－data－quantify－indias－climate－challenge.

的扩张。2017 年，印度可再生能源投资和新产能首次超过化石燃料。然而，2017 年印度电力中只有 15.5% 来自可再生能源，其中 9.1% 来自大型水电。可以看出，印度的能源结构改革力度还有待进一步提升，低碳发展依然任重道远。

4. 社会发展不均衡也将构成对温室气体排放的挑战

社会发展方面，印度贫富差距明显，发展不均衡现象依然突出。印度前 1% 的人口年收入达到了 2 万美元，与中国香港接近，随后的 9% 人口相当于中等收入水准。再向下 40% 的人口，则只能达到巴基斯坦、孟加拉国的水平，最后的 5 亿人口，生活水准和非洲的穷人相当。[①] 此外，尽管自独立以来，印度在消除极端贫困方面成效显著，如饥荒、疾病和贫困人口数量都有大幅减少，预期寿命、婴儿死亡率大幅下降，成年人接受教育比例提升等，但社会发展的不均衡现象仍然广泛存在，新一代的不平等正在继续出现，虽然基础能力逐渐趋同，但高级能力差距并未有效改善，如接受过高等教育的人口比例与低级别教育人口比例的差异依然明显。

社会发展不平等和气候治理是相互交织的。UNDP 报告显示，从排放到对政策和复原力的影响，较高人类发展水平的国家通常人均碳排放更高，总体生态足迹也更高。[②] 预计 2030 年到 2050 年，气候变化将会导致每年由于营养不良、疟疾、痢疾和热应激造成死亡的人数增加 25 万人，另外，人类发展的不平等通过另一种途径对气候危机起到基础作用。这些不平等会拖累有效的行动，因为更严重的不平等意味着集体行动更为困难，而这正是在国家内部和国家间限制气候变化的关键因素。

（三）印度在全球气候治理中的基本立场

1. 支持发达国家、发展中国家的二分法，认同“共同但有区别的责任”原则

印度作为发展中大国，支持发展中国家和发达国家的二分法。从气候立场上看，印度政府对气候变化的基本立场是强调“共同但有区别的责任”及“公平”原则，发达国家应先承担相应的责任，向发展中国家转让技术，提供

---

① The Economist, “India has a Hole Where its Middle Class Should Be”, 2018, https://www.economist.com/leaders/2018/01/13/india-has-a-hole-where-its-middle-class-should-be.

② UNDP:《2019 年人类发展报告》, http://hdr.undp.org/sites/default/files/hdr_2019_overview_-_chinese.pdf。

资金援助。印度的贫困问题远比基础四国中的其他三个国家严重，因此该国不愿因为发展大国的身份而承担更多的责任，而更愿意将自己摆在最不发达国家之列，希望能够通过气候谈判获得更多实际利益。

在国际气候谈判中，印度的传统态度一直较为强硬，其底线是应对气候变化问题不能阻碍经济的发展，要求发达国家履行承诺，向包括印度在内的发展中国家提供资金和转让技术。印度多次明确表示不接受强制性减排指标，也反对向出口产品征收“碳排放税”。环境和林业部长拉梅什上任后，印度在国际气候谈判中的态度变得更为灵活，在国际舞台上更多地显示出一种积极的合作姿态来解决气候问题。印度的总理和新的部长都将气候问题视作一个重要的机会，希望通过这个机会在国际事务中施展其力量，寻求对印度外交更为有利的结果，在包括印度入常在内等重要问题上为印度尽可能地争取到更大的支持。

2. 在减排目标上，印度处于经济快速增长阶段，倾向于较为温和的减排目标

印度目前正处于城市化、工业化的重要阶段，这都将不可避免地推动排放增长，因此，印度不太可能提出非常激进的减排目标，争取发展空间才是印度的核心关切。印度于 2016 年 10 月 2 日，即为巴黎气候谈判提交其气候承诺或“国家自主贡献”（NDC）的整整一年之后，批准了《巴黎协定》，承诺到 2030 年，与 2005 年的水平相比，排放强度下降 33%—35%。但研究分析发现，即使达到承诺，印度的排放量也可能在 2014—2030 年之间增加 90%。不仅如此，有学者还指出，印度政府本可以将升温控制在 2℃ 以下，但目前（2018 年）的政策还不符合这一要求。当前，印度政府正在制定 2030 年至 2045 年的长期增长战略，尽管印度表示可能愿意在 2020 年提高其气候承诺，然而，它并没有真正将《巴黎协定》的目标转化为国内法。特别是在近年来印度国内经济增速出现严重下滑的情况下，印度政府出台了 1.4 万亿美元的经济刺激计划，主要集中在扩大基础设施建设规模上，基建产业对于排放的需求十分突出，因此，印度在减排问题上很难表现积极。

3. 资金方面，印度期望获得国际气候资金资助

在气候治理的出资方面，印度是相对压力较小的。尽管印度排放总量在发展中国家中占比不小，并且近年来排放还在不断上升，但人均排放量依然较低。因此，印度目前还没有出资的压力。印度贡献承诺取决于资金、技术转让

和能力建设支持，因此，长期以来，印度一直重申国际支持对于发展中国家减排的重要意义。根据相关统计分析，从绝对价值上讲，印度在2013年至2016年间获得了多边气候基金批准的最高单国资金（7.25亿美元），大部分来自清洁技术基金（CTF）的可再生项目，但是，人均相对较低，仅为0.56美元。实际上，西方国家所承诺的援助远远无法满足印度解决气候变化问题的需要，因此，印度在落实减排上往往以“要选择适合印度实际情况的项目”为借口，更加瞻前顾后。

二　巴西

巴西位于南美洲东南部，地跨西经35度到西经74度，北纬5度到南纬35度，其国土面积为851万平方公里，约占南美洲总面积的46%，居世界第五位，总面积仅次于俄罗斯、加拿大、中国和美国。巴西的地形主要分为两大部分，一部分是海拔500米以上的巴西高原，分布在巴西的南部，另一部分是海拔200米以下的平原，主要分布在北部的亚马孙河流域和东南沿海。全境地形分为亚马孙平原、巴拉圭盆地、巴西高原和圭亚那高原，其中亚马孙平原约占全国面积的1/3。

巴西是一个生物多样性丰富的发展中国家，对全球气候变化的主要贡献是禁止森林砍伐，而同时气候变化也对巴西的林业和农业造成很大的影响。巴西目前已经失去了20%的亚马孙热带雨林，80%的卡汀伽植被（caatinga），45%的稀树草原植被，98%的云杉林，92%的大西洋滨海森林。巴西每年砍伐亚马孙雨林约有一万多平方公里，这相当于巴西利亚城市面积的两倍。巴西的城市化水平很高，1950—2006年间，巴西的城市化水平从36.2%上升到85%。全国51%的人口居住在10万以上人口的城市中，其中9个大都市的人口占全国总人口的29%。[①] 但是，与其他一些南美洲国家一样，巴西存在“贫穷的城市化”，大城市中存在大量的贫困人口，使得其面临着巨大的发展与减贫压力。20世纪80年代以来，巴西城市人口增长了24%，贫民窟人口增长了118%。目前居住在城市贫民窟中的有3500万人，占全国城市人口的25%。[②]

① 比较居住在最大城市的人口比重，巴西为12%，印度为5.79%，中国仅为2.75%。南亚与南美国家的“贫穷的城市化”使得其面临着巨大的发展与减贫压力。

② 李瑞林、李正升：《巴西城市化模式的分析及启示》，《城市问题》2006年第4期。

（一）巴西近年来的经济发展和排放趋势

1. 巴西的经济社会发展

巴西具备较强的经济实力，人均 GDP 在发展中国家中排名前列，产业结构接近发达国家水平。2019 年，巴西国内生产总值位居世界第 9 位，与意大利总量相当，在拉美排名第一。巴西第三产业产值占国内生产总值的近六成，工业增加值仅占 GDP 比重 18%。2019 年 3 月，巴西在 WTO 中宣布，放弃发展中国家身份，成为一个人均 GDP 尚无法稳定在 1 万美元以上的发达国家。

尽管巴西向来“雄心勃勃”，但近 20 年来，巴西经济却在高速增长和停滞甚至衰退的周期间不断反复。巴西的 GDP 增速自 2011 年以来不断出现负增长，仅在个别年份有所增加，人均 GDP 在 2019 年达 8752 美元（现价计算），相较于 2018 年的 9039 美元也有所下降，与历史最高值 2011 年曾达到的 13298 美元相去甚远。[①] 每隔一段时间，巴西政府便通过小范围改革并约束财政纪律来推动经济增长；但中长期改革缺位和政策失误往往又诱发新问题，导致增长停滞甚至衰退。2015 年和 2016 年巴西经济连续两年大幅萎缩，2017 年和 2018 年虽然走出衰退，但增速仍徘徊在 1% 左右。[②]

巴西人口总量温和增长，增长率逐年下降，人口质量明显提高，人口负担显著下降。适量的人口上涨和人口质量的改善将对资源环境绩效产生显著的正效应。巴西 1951 年人口增长率为 3.02%，然而 2019 年仅为 0.75%，预计 2045 年前后将达到人口峰值。近年来，巴西贫困人口减少 3600 万，中产阶层人口达 1.08 亿，占总人口的 54%。据统计，2018 年，巴西人均预期寿命 76 岁，新生儿死亡率 14.6‰，全国共有医院 5864 所，平均每千人拥有病床 3.11 张、医生 2.08 名。[③] 2017 年，巴西家庭可支配收入约为 12227 美元，家庭净财富约 7102 美元。

---

① 资料来源于世界趋势数据库的全球经济数据，CEIC DATA，https：//www.ceicdata.com/zh-hans/indicator/brazil/gdp-per-capita。

② 宫若涵：《专访：巴西经济为何在“奇迹”和“陷阱”间反复——访巴西经济专家杜特拉》，新华网，2019 年 6 月 19 日，http：//www.xinhuanet.com/2019-06/19/c_1210163645.htm。

③ 中华人民共和国外交部：《巴西国家概况》，https：//www.fmprc.gov.cn/web/gjhdq_676201/gj_676203/nmz_680924/1206_680974/1206x0_680976/。

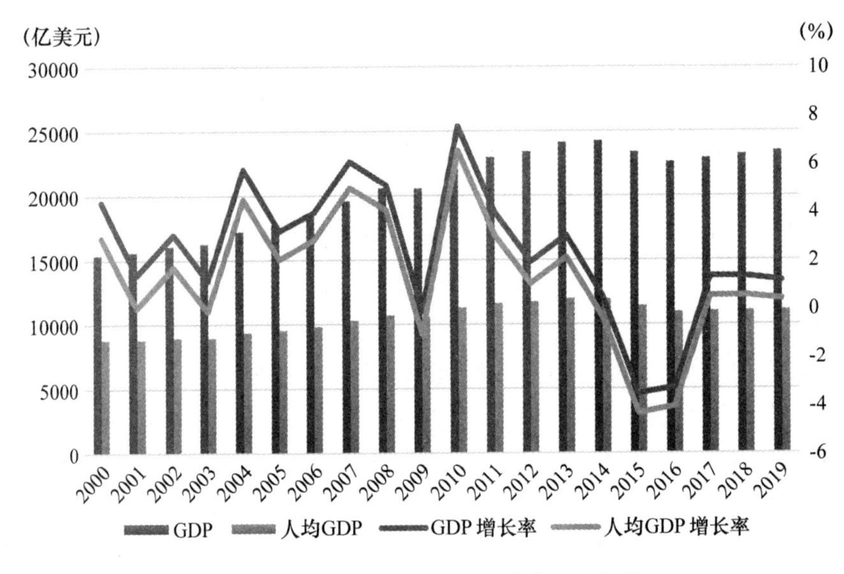

图 5－6　2000—2019 年巴西经济发展总体情况

注：GDP 和人均 GDP 均为按照 2010 年不变价美元计算。

资料来源：World Development Indicators，https：//databank. worldbank. org/source/world－development－indicators#。

2. 巴西的能源和排放趋势

巴西能源结构较为清洁，可再生能源开发利用的基础很好。在电力供给方面，巴西 91% 的电力来自清洁能源，其中水力发电占巴西电力供应的 80% 左右；风能、生物质能等可再生能源发电约占 7. 1% 。依托亚马孙雨林，巴西是南美洲水能资源最丰富的国家，水电装机约占总装机的 72% ，火电约占 26% ，核电占 2% 。根据国家方案，到 2030 年，生物质能发电、风电和水电装机将达到 136 TWh，将占到总电力供给的 11. 4% 。

巴西化石能源也较为丰富，石油在巴西化石能源消费中占主要比例。2007 年已探明石油储量达 126. 22 亿桶，天然气 3649. 9 亿立方米。2007 年以来，巴西在东南沿海相继发现大油气田，相当于巴西现石油储量的 50% 以上，有望进入世界十大石油国之列。[①] 2009 年之前，巴西还是一个石油进口国，此后它

① 中华人民共和国外交部：《巴西国家概况》，https：//www. fmprc. gov. cn/web/gjhdq_ 676201/gj_ 676203/nmz_ 680924/1206_ 680974/1206x0_ 680976/。

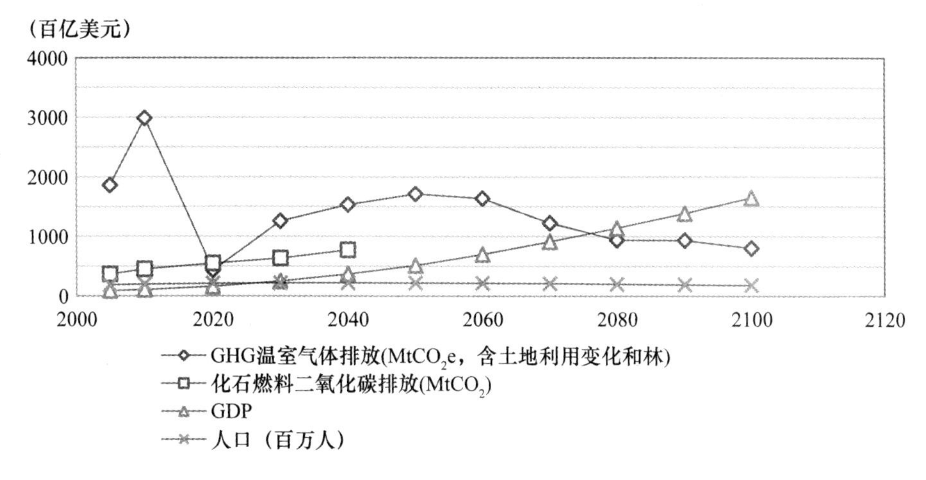

图 5－7　21 世纪巴西经济和排放总体趋势

注：本图数据是由荷兰环境评估局（PBL）在 LIMITS－RefPol 情境下的估算结果。国内生产总值（Gross Domestic Products）是以 2005 年不变价美元计算。

资料来源：世界资源研究所 CAIT 数据库（World Resources Institute），https：//www. wri. org/resources/data－sets/cait－emissions－projections。

一跃成为石油净出口国。目前巴西已证实的石油储量保守估计约为 500 亿桶，其储量排名世界第 9 位，这其中 90% 以上的石油储量位于海上油田，且基本集中在东南沿海。

2016 年巴西温室气体排放总量为 1. 38$GtCO_2e$，人均碳排放水平为 1. 9 吨碳，近年来排放水平一直呈现相对稳定的趋势。巴西的温室气体排放源结构明显有别于全球平均情况，巴西来自土地利用变化与毁林的排放份额明显高于全球平均水平，这也是造成在全球气候谈判中巴西的利益诉求与其他国家（包括“基础四国”）存在明显差异的主要原因。

根据联合国环境规划署发布的 2019 年《排放差距报告》，多项研究均上调了巴西的排放量预测，反映了最近森林砍伐加剧等趋势。[①] 造成森林面积减少的原因包括巴西的高速公路建设计划、安置居民计划、农业发展计划等。

① 联合国环境规划署：《2019 年排放差距报告》，https：//wedocs. unep. org/bitstream/handle/20. 500. 11822/30798/EGR19ESCH. pdf。

（二）巴西参与全球治理的挑战

1. 执政党调整影响气候政策走向

巴西政府看待气候变化问题的态度是随着执政党的更替而不断变化的。前卢拉时期，巴西由于经济需要，在减排，特别是关注度较高的亚马孙毁林问题上，表现出更多的是消极态度或仅是对外界压力的一种回应姿态，缺乏实质性进展。2003年卢拉上台后，巴西从联合国气候变化谈判的参与者转变为推动者，其气候变化政策不断推陈出新，减排成效更是赢得了国际社会的普遍肯定。罗塞夫政府时期，基本上继承了卢拉政府坚持的气候谈判立场，致力于发挥积极的推动作用，但其对环境议题的重视程度有所下降，这一变化很大程度上归因于巴西的经济发展状况。受此影响，政府的气候变化政策也面临挑战，甚至出现了阶段性的倒退。①

2018年10月，巴西社会自由党右翼候选人雅伊尔·博索纳罗（Jair Bolsonaro）当选新一任总统，博尔索纳罗以在包括能源和气候变化等领域的观点和言论大胆强硬著称，带有“乡村主义者”（ruralist）气质，奉行“巴西优先”政策，并一度威胁称巴西将退出《巴黎协定》。上任后，博索纳罗解散了数个与气候变化相关的政府部门，并任命了数位反对应对全球变暖的内阁成员。博索纳罗政府反对《巴黎协定》和全球气候合作行动对农业活动、自然资源开采等相关领域的约束，希望将气候治理焦点从森林采伐转到污水处理、空气污染等城市化相关问题。此后，又拒绝承办2019年联合国气候大会。这种带有民族主义情绪的执政方式和显得有些过时的发展理念将给未来巴西在全球气候治理中的态度带来巨大的不确定性，令外界堪忧。②

2. 经济发展对减排构成挑战

尽管巴西的产业结构和能源结构都十分接近发达国家，但从经济总量和人均水平来看，巴西与发达国家之间还存在较大差距。近年来，因经济发展缓慢，巴西不得不提出一系列刺激计划，这导致2019年巴西毁林数量出现明显反弹，甚至在某些月份创下了历史纪录，引起国际社会高度关注。巴西温室气体排放最大的驱动力是毁林和土地利用变化，有研究显示，尽管近年来巴西森林砍伐数量显著下降，但同期能源部门的排放却显著上升，从总量上看，二者

① 何露杨：《巴西气候变化政策及其谈判立场的解读与评价》，《拉丁美洲研究》2016年第2期。

② 何露杨：《巴西气候变化政策及其谈判立场的解读与评价》，《拉丁美洲研究》2016年第2期。

几乎持平。[1] 因此，巴西的低碳转型更关注的并不是如何减少砍伐，因为他们认为这属于国家主权，而是聚焦如何增强能源减排行动的成效。传统上，巴西由于强烈依赖水力发电，能源部门排放量并不大，但最近，即使可再生能源在电力和能源结构中的绝对值继续增长，但对化石燃料的依赖性越来越大，能源碳强度持续提高。从部门看，巴西与能源有关的温室气体排放量中近一半来自交通运输，尽管新能源汽车等绿色交通在巴西广受推崇，但如何弥补能源、交通等部门的排放增量与减排需求之间的鸿沟，将考验巴西低碳发展的定力以及全球气候治理的能力。

（三）巴西在全球气候治理中的立场

1. 主张基于联合国多边机制共同应对气候变化

巴西是通过联合国多边机制应对气候变化和环境问题的拥护者，同时，也积极推动达成多项重要的环境公约。1992 年在巴西里约热内卢举行了联合国环境与发展会议，通过了《里约环境与发展宣言》《气候变化框架公约》《生物多样性公约》等多项环境协议和进程。2015 年，同样在巴西里约热内卢，通过了《联合国 2030 可持续发展议程》。可见，在全球环境治理中，巴西一直是积极推动者甚至引领者的作用。在《联合国气候变化框架公约》的谈判中，巴西长期以来也是多边机制的支持者，积极参与全球气候治理，支持联合国作为全球气候治理的主要平台，主张在联合国机制下各方共同协作应对气候变化。

2. 坚持发展中国家定位和“共同但有区别的责任”原则

巴西一直以来都希望能够在全球气候治理中扮演领导者的角色，而不仅仅只是为发展中国家发声。因此，巴西在气候谈判中常常提出较为激进的减排目标和措施，这让巴西更容易赢得发达国家的支持，形式上更像是发达国家。但另一方面，它重视与发展中大国合作，主张构建发展中大国合作机制，推动基础四国对话，在国际气候谈判中，推动发展中国家间的协调与合作，维护共同利益。巴西国际气候治理中强调发达国家的历史减排责任 和“共同但有区别的责任”原则，主张发达国家在资金和技术转让方面，必须遵守承诺，履行义务。

巴西同时也是拉美集团的重要成员，在热带雨林保护、可再生能源发展等

---

① Bridging the Gap between Energy and Climate Policies in Brazil，World Resources Institute，https：//www. wri. org/publication/bridging - gap - between - energy - and - climate - policies - brasil.

拉美国家关注的共同问题上，巴西也希望发挥作用。巴西积极促进和深化南美共同市场发展，并以之为依托，推动成立南美国家联盟。作为南美最大的经济体，巴西大力推动南美及拉美一体化进程，强烈呼吁国际社会加强反贫困合作，设立全球反贫困基金等。

3. 高度关注新市场机制

清洁发展机制（CDM）是根据1997年《京都议定书》明确的市场机制之一。它通过发达国家投资发展中国家绿色低碳项目，促进国际合作并实现发达国家减排目标和推进发展中国家实现低碳发展。2016年欧盟发布研究报告，对CDM机制的有效性提出了质疑，认为85%的CDM项目对于减排的作用并不明显。CDM机制的反对者还提出，《巴黎协定》的国际气候治理下，多数国家提出了自主减排目标，之前已经产生的CER不仅可以出售给其他国家获取利润，也可以用于国内实现减排目标，这就会带来重复计算的问题，因此，他们呼吁制定新的市场机制。[①] 巴西是CDM机制的重要倡导者和参与方，手握大量CER配额，配额交易收入是巴西气候治理资金的重要来源。一旦CDM机制被重新设计甚至取消，都可能会给巴西带来巨大的经济损失，未来CER配额的使用问题是巴西参与国际气候治理的重要关切之一。尽管巴西并不反对制定新的市场机制来取代当前已饱受西方国家排斥的CDM机制，但是巴西强调现有CER配额应该实现结转，并在未来的碳市场中继续使用。目前，新国际碳市场机制尚未确立，但巴西对新市场机制谈判给予了高度关注。

三　南非

南非位于非洲大陆最南端，东、西、南三面濒临印度洋和大西洋，地处两大洋间的航运要冲。南非以丰富的矿物资源驰名世界，大部分领土地处副热带高压带，属于热带草原气候。南非国内不同地域的气候差异很大，冬季内陆高原气温低，虽无经常性雪被，但霜冻十分普遍。受气候变化影响，南非近年来暴雨频发，致使全国9个省中的7个省发生不同程度的洪涝灾害。南非的发展高度依赖农业和林业等对气候敏感的部门，温度的升高和降雨的减少威胁着这些部门的生产力。旅游业是南非经济增长的另一个主要驱动力，南非在生物多

① Brazil and EU face off over future of carbon trading, Climate Home News, https://www.climatechangenews.com/2019/06/20/brazil - eu - face - off - future - carbon - trading/, 2019 - 06 - 20.

样性方面排名世界第三，较干燥的气候导致的荒漠化有可能减少生物多样性，威胁到旅游业。疟疾和血吸虫病等疾病在南非很普遍，温度升高和降雨方式的变化也可能会扩大易患这些疾病的地区，加剧该国疟疾和血吸虫病流行。

（一）南非近年来经济发展和排放趋势

1. 经济社会发展趋势

南非被誉为“非洲之光”，在经济发展水平、民生幸福指数等指标上，遥遥领先于其他绝大多数的非洲国家。在20世纪六七十年代，南非被认为是为数不多的准发达国家，经济增长率在全球范围内名列前茅。但是，自20世纪70年代后期以来，南非存在持续的经济问题，最初是因为其种族隔离政策导致许多国家扣留其外国投资并对其施加越来越严厉的经济制裁。后种族隔离时代的南非面临社会整合、重回经济建设等挑战，尽管经济发展基础良好，但由于种族隔离运动后，大量白人精英撤出，导致南非出现了十分严重的人才和资本流失，经济也随之受到重创，至今一蹶不振。

南非经济的结构性矛盾也十分突出。一直以来，南非的支柱产业是采矿业和农业，主要依靠出口拉动增长，因此很容易受到国际市场波动的影响。2008年国际金融危机爆发，外部需求急剧下降，资源出口型国家普遍遇到困境。南非的矿石出口也不例外，这直接导致了2010年后经济的衰退。根据世界银行数据，近5年来南非增长基本停滞，人均GDP甚至出现下降，作为非洲最大的经济体，2019年人均GDP为7345.96美元（按2010年美元不变价换算），相较上一年度下降1.18%（如图5-8）。长期来看，若南非不能及时有效地解决电力和交通基础设施落后、对矿业和外资过度依赖、贫富两极分化不断扩大、劳动力技能短缺等问题，其长期经济平均增速将可能在1.5%左右的低位徘徊。

2. 能源和排放趋势

作为非洲最大的经济体，南非近年来能源消费不断增长。南非能源部门产值在南非国内生产总值中所占比重为15%左右，由于该国煤炭储量丰富，开采成本相对较低，因此能源结构以煤炭为主，煤炭在一次能源供给中所占比重高达67%。煤电发电量占全国发电量的90%以上。可再生能源在能源结构中所占比重约为8%①。能源部门产生的温室气体排放在该国总排放水平中所占

① UNEP（2009），“Greenhouse Gas Emission Baselines and Reduction Potentials from Buildings in South Africa”.

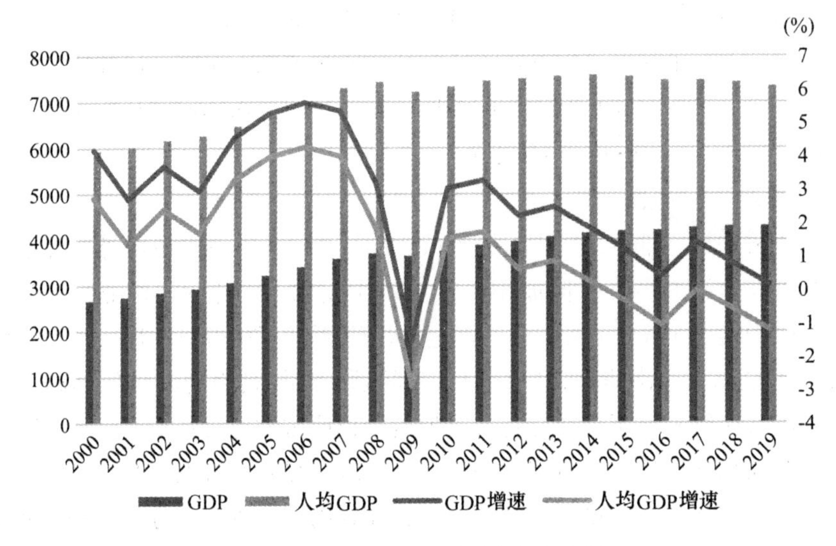

图 5－8　2000—2019 年南非经济发展情况

注：GDP 和人均 GDP 均按 2010 年不变价美元计算，GDP 单位为亿美元，人均 GDP 单位为美元。

资料来源：World Development Indicators，https：//databank. worldbank. org/source/world－development－indicators#。

比重超过 50%，是南非控制温室气体排放的重要领域。

2018 年，南非温室气体放总量（不含 LUCF）5. 13 亿吨，人均碳排放量 8. 9 吨（CO_2e，世界资源研究所 CAIT 数据库）面对减排和气候变暖的国际压力，南非政府大力发展清洁可再生能源，积极制定碳税等减排政策，将南非百万美元碳排放强度由 2002 年峰值时期的 3. 41kt，下降到 2018 年的 1. 39kt，实现了大幅度下降。

（二）南非参与全球气候治理的挑战

1. 能源结构以煤为主

南非能源结构中，煤炭占比显著高于其他能源，南非政府还公开表示，未来短期内，南非仍将继续依赖燃煤发电。此外，南非存在较为显著的供电缺口，在全国范围内，电力供给不稳定情况时有发生，因此，尽管具备一定的可再生能源发展潜力，南非政府却无法迅速调整能源结构。2019 年 10 月，南非发布了《综合资源计划》（Integrated Resource Plan），给未来十年能源发展勾

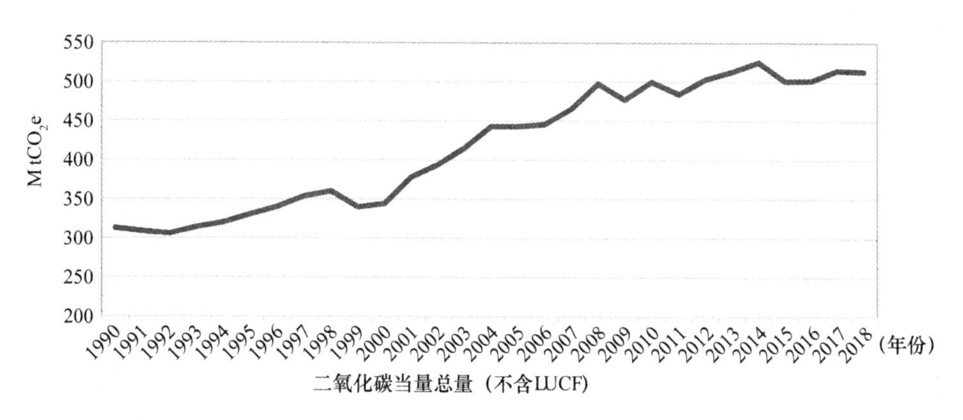

图 5－9　1990—2018 年南非温室气体历史排放

资料来源：世界资源研究所 CAIT 数据库。

画了蓝图，计划提出要支持多元化能源结构，然而，该计划显示，到 2030 年，煤炭将依然占电力发电总量的 59%，其中水电占 8%，光伏电占 6%，风电占 18%，天然气和柴油占 1%。另一方面，南非可再生能源产业由于缺乏清晰和连续的能源政策，在行业规则和制度框架设计方面也不够完善，导致能源供给十分不稳定，再加上政府财政紧张，缺少足够的产业投资，导致能源结构调整进展十分缓慢，煤炭消费水平始终未能有效降低。

2. 经济增长压力较大，支柱产业为能源密集型行业

近 20 年来，南非经济增速总体上呈现先缓慢上升，再下降趋势。人均 GDP 在 2008 年达到峰值 7432 美元，之后没有出现显著增长，近 5 年甚至开始逐年下降。可以说，南非经济在反殖民运动后尚未获得充分的发展，就已经出现明显的衰退迹象。从产业发展来看，南非优势产业主要是矿产开采、冶金、机械制造等能源密集型产业。如果经济增长依然依托这些传统行业发展，将对控制温室气体增长的努力构成挑战。

3. 社会发展对控制温室气体排放构成挑战

南非有大量无电人口，教育、医疗等服务不均等也加剧了社会的不平等，在传统的黑人地区，获得医疗服务的机会仍然大大落后。黑人的健康状况普遍较低。营养不良也很普遍，尤其是在农村儿童中。为解决学校、医院等基础设施不足，南非政府出台了一系列相关基础设施建设计划，对重点项目进行了战略布局，在改善社会福利的同时，必然也会对温室气体排放控制

构成挑战。

（三）南非在全球气候治理中的立场

1. 坚定维护“共同但有区别的责任”原则，支持发达国家、发展中国家两分法

南非发展需求十分强烈，因此对于“共同但有区别的责任”原则，在减排义务和责任上区分发达国家和发展中国家的二分法持坚定支持立场。此外，由于财政能力的不足，南非要求发达国家向发展中国家转移技术和资金的愿望也十分突出。南非以及非洲集团积极支持以《联合国气候变化框架公约》机制为核心的国际气候治理多边机制，主张在公约机制下开展全球合作，发达国家应该率先深度减排，发展中国家也应充分借助国际支持开展减排活动。南非也积极履行在国际气候协议中的承诺，2018 年南非通过《国家气候变化法案》，兑现了南非议会去年宣布的对气候变化《巴黎协定》的承诺，即在 2018 年实现气候变化立法。作为发展中国家和非盟的一员，南非表示将会采取有效、渐进和协调统一的政策来应对气候变化，除了拟定统一的框架外，还将分别对各个部门制定减排方案，以确保其有效减少温室气体的排放。

2. 支持减缓与适应并重

非洲国家是受气候变化不利影响较大的国家，而非洲国家大多发展水平不高，基础设施建设不足，希望通过国际合作提升适应气候变化能力。因此，提升应对气候变化的韧性是南非以及非洲国家的重要关切。南非认为，减缓、适应、资金、技术、能力建设等要素都是国际气候协议包括《巴黎协定》重要的组成部分。反对发达国家只关注减排目标的立场，并要求发达国家为发展中国家开展减排行动、适应气候变化等提供资金和技术的支持，这实际上也代表了其他非洲国家的立场。

3. 作为非洲集团的重要成员，其立场与非洲集团保持一致

南非作为非洲集团中的大国，也经常作为非洲国家代言人，或者通过非洲集团表达立场，增加谈判中的影响力。南非十分积极于促进非洲一体化和非洲联盟建设，大力推动南南合作和南北对话，是联合国、非盟、英联邦、二十国集团等国际组织或多边机制成员国。2004 年成为泛非议会永久所在地。南非视非洲为其外交政策立足点和发挥大国作用的战略依托，将维护南部非洲地区安全与发展、推动南部非洲地区一体化作为其外交首要考虑，参与制订并积极

推动实施“非洲发展新伙伴计划”（NEPAD），积极参与调解津巴布韦、苏丹达尔富尔、大湖地区和平进程等热点问题。国际气候治理中，南非不仅为自己争取发展权益，还积极协调非洲国家立场，与其他非洲国家一起实现谈判诉求。

延伸阅读

1. 王伟光、郑国光：《应对气候变化报告（2009）：通向哥本哈根》，社会科学文献出版社2009年版。

2. 潘家华：《气候变化经济学》（上、下册），中国社会科学出版社2018年版。

3. 潘家华、庄贵阳、陈迎：《减缓气候变化的经济分析》，气象出版社2003年版。

4. 王灿、蔡闻佳：《气候变化经济学》，清华大学出版社2020年版。

练习题

1. 国际气候治理中的主要参与方包括哪些国家或者国家集团？
2. 欧盟参与全球气候治理的主要立场是什么？
3. 美国参与全球气候治理的主要立场是什么？
4. 小岛国集团参与全球气候治理的主要立场是什么？
5. “基础四国”包括哪些国家？

第六章

全球气候治理的主要格局及其演化

全球气候治理呈现多主体、多层多圈的复杂结构，各国政府在全球气候治理中还是发挥最核心的作用，各国政府对全球气候治理的认知、立场也很大程度上决定了全球气候治理的现状和未来趋势。各国对气候治理问题的判断和立场，是由各自经济社会发展水平和需求决定的。因此，分析全球气候治理格局的演化趋势，需要对全球经济、社会等发展趋势、格局进行分析，从而梳理和分析各方立场，判断全球气候治理格局的演化趋势。

第一节　全球经济、排放格局演化

发展中国家，自上世纪 90 年代以来经历了快速发展的过程，尤其是 2000 年以后快速发力，在经济、贸易、排放等领域实现了快速增长。发展中国家的快速发展，引起相关领域世界格局的调整。

一　发展中国家经济和排放占比增大

自《联合国气候变化框架公约》签署以来，以新兴经济体为代表的发展中国家，自 20 世纪 90 年代以来经历了快速发展的过程，尤其是 2000 年以后快速发力，在经济、贸易、排放等领域实现了快速增长。发展中国家的快速发展，引起相关领域世界格局的调整（见图 6 - 1）。

2000 年以来，随着发展中国家尤其是新兴经济体国家经济快速发展，国际经济格局发生了显著变化。发达国家（OECD 国家）在世界经济中所占的份额逐年下降，由 2000 年前后占全球 GDP 80% 以上的份额，下降到 2019 年的

61%；与此同时，大规模的中低端制造业，由发达国家转移到发展中国家，进一步推动世界经贸结构的调整。发达国家出口贸易占全球出口贸易额的比例，从1998年占比约75%开始逐年下降，2019年降至58%，同期，发展中国家对外贸易则实现了高速增长。受2008年经济危机影响，部分发达国家经济复苏缓慢，全球影响力下降，而新兴经济体正在悄然崛起，中、印等发展中大国都保持了5%以上的高速增长，而主要发达国家GDP增长率均在5%以下。

世界经贸格局的变化，将可能触及各国参与全球气候治理的根本基础。发达国家在出资意愿、合作方式、减排行动、贸易保护等方面，可能变得更加保守，对发展中国家实施行动的诉求会增加，如果发展中国家的行动意愿没有显著增加的情况下，国际气候治理进程可能会陷入僵局。

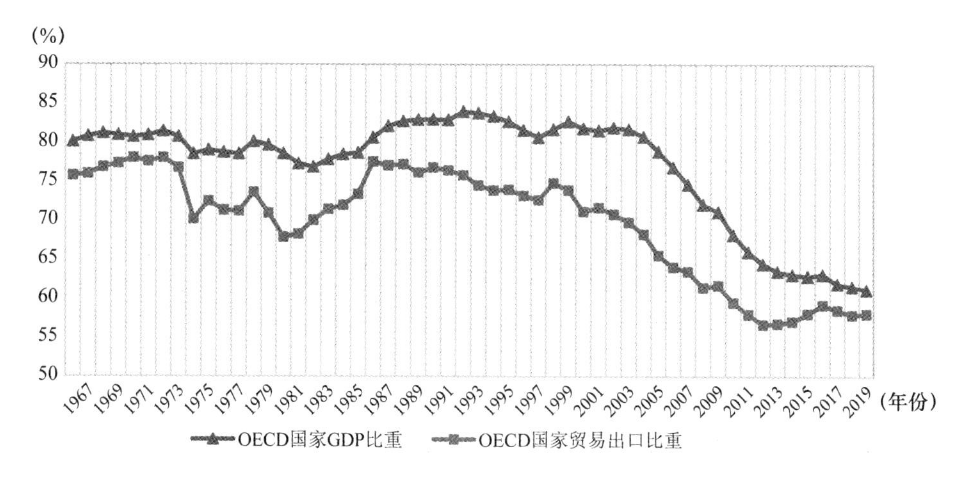

图6-1　世界经济与贸易格局变化

资料来源：根据世界银行数据库数据绘制。

从全球排放格局来看（图6-2），由于全球分工引起的产业转移，导致中低端制造业产能大量向发展中国家转移，发展中国家温室气体排放呈快速上升趋势，世界碳排放格局也随之发生调整。在缔结气候公约的20世纪90年代初，发达国家（OECD国家）碳排放高于发展中国家（非OECD国家），占全球二氧化碳排放总量的53.34%；而到了2012年，大多数发达国家参与执行《京都议定书》第一承诺期，开展了温室气体排放总量减排行动，发达国家总体二氧化碳排放，相比1990年实现了二氧化碳排放总量下降。同期，发展中国家二氧化碳排放增速大，排放总量也超过发达国家。2012年发达国家二氧化碳排放仅占全球排放总量的37.36%。从未来排放趋势来看，由于几乎所有发达国家都做出了温室气体总量减排的承诺，全球包括二氧化碳在内的温室气体的排放增量将全部来自发展中国家，而且受到发展中各国家经济快速发展惯性的趋势，发展中国家温室气体排放量仍将保持快速上升。

变化的世界排放格局导致部分发达国家缔约方的责任意识出现模糊化，并试图改变国际气候治理的合作基础，由关注历史排放的责任和义务向未来排放的责任和义务转变，强调发展中国家尤其是经济快速发展的新兴经济体国家在国际气候治理进程中的责任，并推动国际气候治理模式转型。

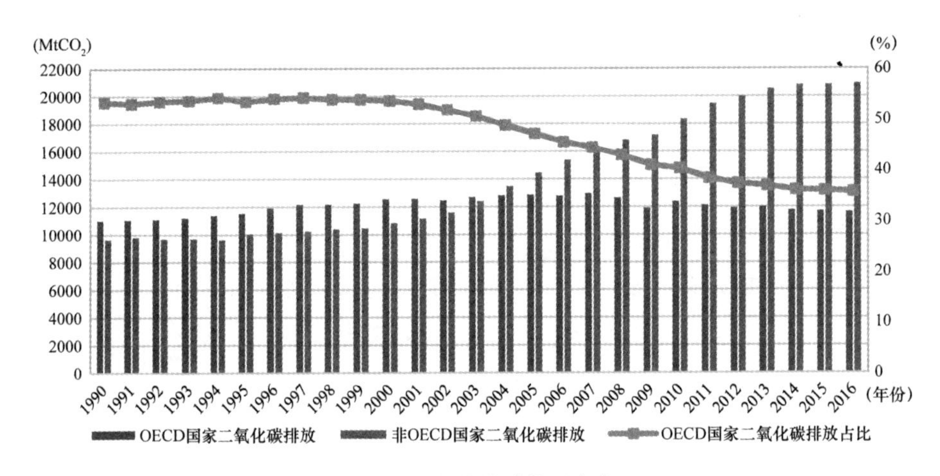

图6-2 世界排放格局变化

资料来源：根据WRI CAIT数据库数据编绘。

二 国际治理体系出现调整

国际环境治理体系的变化。发展中国家越来越多地参与国际贸易，一方面经济实力得以发展，社会环境意识逐步增强；另一方面，也主动或被动地接受了更多的国际标准，成为参与国际治理的主体。国际环境治理比较显著的变化是，由之前发达国家引领开展行动并向发展中国家提供资金支持，逐渐向发达国家、发展中国家共同承担责任、共同行动过渡。发展中国家对共同责任和共同行动的认可程度还有差异，但发达国家欲借国际经贸、排放格局承担的变化，推动责任义务趋同的趋势已经表现得非常明确。

国际金融治理体系的改革。随着世界经济、贸易、排放格局的调整，生产要素国际配置方式也在发生变化，也引起了相应的国际治理体系的改变。发展中国家生产活动增加，资金、设施等生产要素需求增加，投资活动和资金流也随之增加。图6－3体现了自2003年以来发展中国家获得投资增长的趋势，同时，也反映了发达国家（OECD国家）吸引国际投资的比例从20世纪70年代至今总体下行的趋势，从1970年的约74%下降到2019年的53%。随着金融活动向发展中国家的聚集，发展中国家也需要在国际金融治理体系中有更大的发言权，客观上需要寻求国际金融治理体系的改革。2016年IMF第14次份额总检查生效，IMF特别提款权扩容一倍，从约2385亿提高到约4770亿特别提款权，新兴经济体国家贡献率提高，获得更多的投票权。中国的份额升至6.41%，成为仅次于美国（17.45%）、日本（6.48%）之后的第三大份额国，投票权也升至6.08%[①]；同时巴西、印度和俄罗斯也跻身前十大份额国之列。发展中国家不仅推动既有国际金融治理体系的变革，还积极推动新机制的建

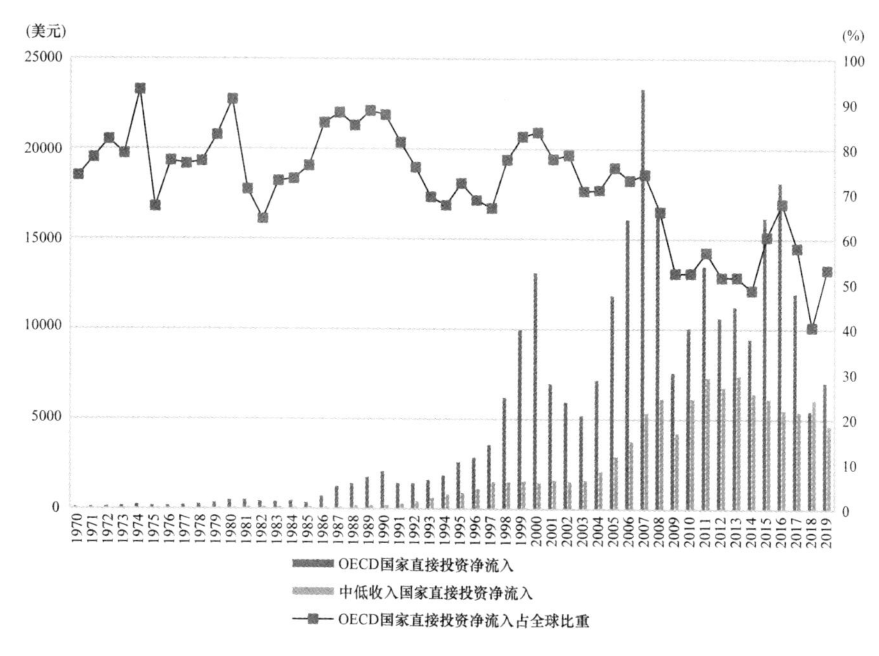

图6－3　国际直接投资资金流向

资料来源：根据世界银行数据库编绘。

① IMF官网，https：//www.imf.org/external/np/sec/memdir/members.aspx#top。

立，以更好地促进经济社会的发展。如亚洲基础设施投资银行、金砖银行等，都在一定层面上促进了国际金融治理体系的改变。

三　发达国家责任义务未根本转变

尽管世界经贸、排放结构发生了一些调整，发展中国家占全球的比例有所提升，但发达国家占历史累积二氧化碳排放绝大份额、人均排放远高于发展中国家以及控制国际金融、技术和标准等体系的基本格局没有改变。因此，发达国家和发展中国家在应对气候变化国际合作中的责任体系没有也不应该发生根本改变。

（一）历史累积排放差距明显

正如《联合国气候变化框架公约》缔约方在缔结公约时达成的共识，气候变化不仅仅是一个现实问题，更是一个历史问题，是由于历史累积的温室气体排放，导致现在和未来的全球气候风险。因此，正视历史排放并承担历史排放责任，是国际气候合作的理论和道义的基础。图6－4展示了1990年以来，发达国家、发展中国家在国际排放格局上体现的显著变化，发展中国家已经成为全球温室气体排放的主要贡献方。但从发达国家、发展中国家历史累积排放总量来看，发达国家所应当承担的应对气候变化的责任和义务还是非常显著的。根据美国自然资源研究所统计数据显示，1850—1990年发达国家累积二氧化碳排放占全球排放的71%，这一比例在截止到2017年累积排放中虽然出现了明显下降，但仍然高达60%。这也说明，尽管发展中国家二氧化碳排放近年来出现了快速增长，年度排放总量也超过发达国家，但发达国家在应对气候变化国际合作进程中承担主要责任和义务的理论和道义基础都没有发生改变。

（二）人均排放格局差异仍然巨大

从公平的角度来看，公平的人均排放权是公平原则的重要内涵。排放权作为人权的组成部分，每个人应享有平等的权利使用作为全球公共资源的大气排放容量资源。从经济发展的角度来看，社会发展阶段和富裕程度，与人均二氧化碳排放具有正相关性。美国自然研究所的数据显示（见图6－5），发达国家（OECD国家）自1990年以来，尽管将大量的中低端制造业转移到发展中国家，降低了其生产部门的碳排放，但消费领域的碳排放并未出现显著下降，从而使人均排放稳定在10吨左右，这也可能是在现今技术水平下，保证实现高

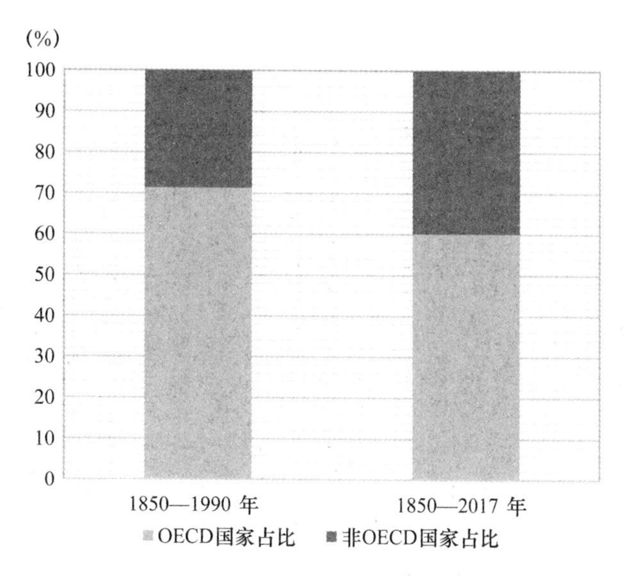

图 6－4　发达国家和发展中国家二氧化碳历史累积排放格局

资料来源：根据 WRI CAIT 数据库数据绘制。

品质生活需要的碳排放量。同期，发展中国家（BASIC 国家）人均排放仅 3 吨左右，2003 年以来略有增长，2017 年人均二氧化碳排放约 4.3 吨，与发达国家尚存在巨大差距。

历史人均累积排放，是更能体现一个国家历史排放责任的指标。该指标不仅可以显示排放公平的程度，而且可以显示包含了历史发展过程的排放公平的意义。发展相对较早、目前来看比较成熟的经济体，碳排放存量高，人均历史累积排放水平也较高；而大多数发展中国家，发展起步较晚，碳排放存量低，人均历史累积排放大幅度低于发达国家的水平，这也显示了发展中国家未来发展还将有一个存量累积的过程。根据世界资源研究所 CAIT 数据库资料计算（见图 6－6），发达国家人均历史累积排放普遍很高，美国、英国、加拿大、德国均超过人均 1000 吨二氧化碳排放，分别为人均 2136 吨、1759 吨、1519 吨、1269 吨二氧化碳，日本为 550 吨二氧化碳，而发展中国家一般不超过 200 吨，中国为 165 吨，印度仅 54 吨。气候变化是由历史排放的温室气体造成的，从各国人均历史累积排放，可以看出各国在应对气候变化的国际合作中历史责任的大小和对未来排放空间的需求。

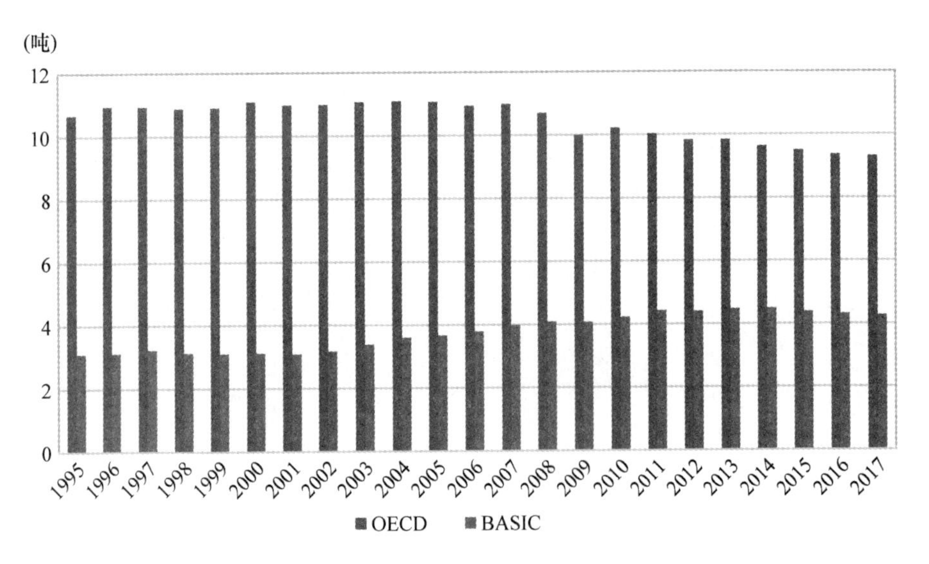

图 6－5　发达国家（OECD 国家）与发展中国家（BASIC 国家）人均碳排放

资料来源：根据 WRI CAIT 数据库数据整理绘制。

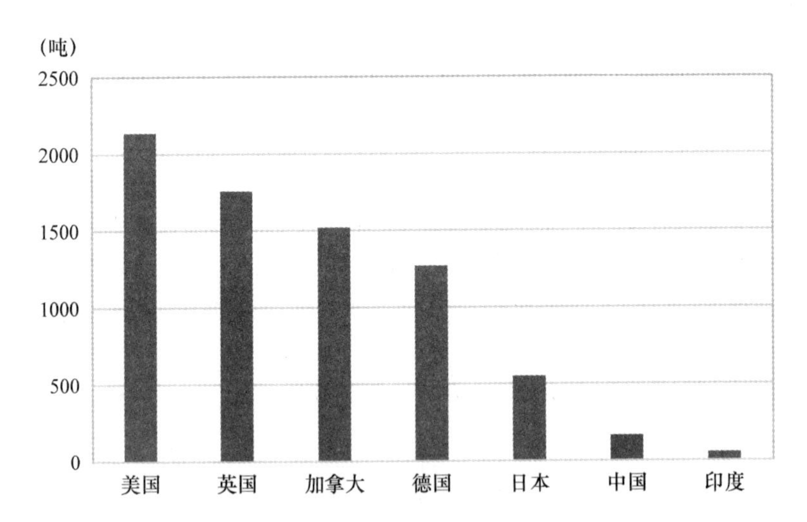

图 6－6　主要排放国家人均历史累积碳排放（1800—2017 年）

资料来源：根据 Our World in Data 数据库数据整理绘制，https：//ourworldindata. org/co2 － and － other － greenhouse － gas － emissions。

总体来看，发达国家发展起步早、碳排放存量高、基础设施建设完备、未来碳排放主要用于保持现有的高水平生活比较容易控制；发展中国家发展较晚、碳排放存量低、还处于基础设施建设的关键阶段、未来排放主要是满足基本生活需求并逐步改善生活水平，相对难以控制其增长速度和总量。发展中国家增量排放的需求无疑是刚性的也是合理的。因此，发达国家在国际气候治理进程中应该担负历史排放责任，并利用未来控制排放的优势，继续引领全球气候治理进程，并帮助发展中国家实现低排放发展。

（三）发达国家主导国际经济格局没变

新兴经济体成为世界经济增长新引擎，但并非世界经济盈利主体。发展中国家经济总量虽然经历了快速成长，但是其主要经济形态在国际分工中仍处在价值链的低端环节。如中国的制造业在很大程度上拉动了世界经济增长，但是追究其具体分工，多为附加值较低的加工组装和简单零部件生产，对于技术研发、高级零部件生产、服务性生产等高附加值生产环节没能占据主动。这导致涉及发展中国家核心竞争力的关键产品和技术仍需进口，同时让渡了大量的利润空间。2019 年，我国集成电路进出口逆差为 2039.71 亿美元[①]，手机、计算机所需高端芯片的生产技术尚未完全突破，高端制造业尚需大量购买国外专利授权，发达国家对部分技术和产业链的垄断尚未打破。

发达国家经济增长虽然放缓，但其经济实力仍主导着世界经济。发达国家显示的经济增长虽然相对缓慢，但是其经济总量，仍主导着世界经济。图 6－7 显示 G8 集团 2010 年以来的 GDP 总量仍占世界经济总量的一半左右，而发展中国家代表“基础四国”（中国、印度、巴西、南非）的经济总量仅为世界经济总量的 1/5。此外，比较世界经济总量排名前两位的美国和中国，2019 年中国 GDP 占世界 GDP 总量约 16.3%，当年美国 GDP 占世界 GDP 总量约 24.4%。可见，世界经济仍主要由发达国家主导，而发展中国家虽然做出了很大贡献，但仍处在相对弱势地位。

全球产业结构和贸易结构发生改变，但定价权归属没有发生改变。随着全球化进程的不断深入，制造业中的劳动密集型、资源密集型、能源密集型和污

---

① 《2020 年中国集成电路行业进出口现状分析 贸易逆差出现回落、未来进口依赖度将改善》，新浪网，2020 年 5 月 7 日，http://finance.sina.com.cn/stock/relnews/cn/2020－05－07/doc－iirczymk0320195.shtml。

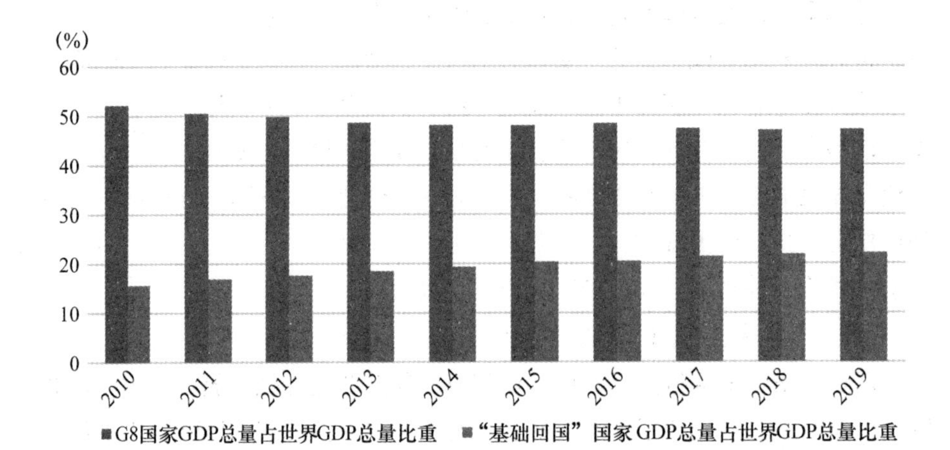

图6－7　2010—2019年G8国家和“基础四国”国家GDP总量占世界GDP总量比重

资料来源：根据世界银行数据库数据整理绘制。

染密集型行业逐渐转移出发达国家。究其原因，一方面是由要素价格的比较优势决定，另一方面也与各国环境规制水平有关。这部分从发达国家转移出来的制造产业往往工艺较为简单，多处于产业链初端，制成品往往回流到发达国家进行进一步加工。与此同时，发达国家在知识产权研发和使用、高端制造业、服务业等领域仍掌握着主导力，高端制造业尚未从发达国家流向发展中国家。与此同时，在大宗资源、能源性产品的定价权方面，发达国家也始终把握着话语权。2000年以来中国原油进口量逐渐增加，但是原油进口价格也同时攀升，中国虽然原油进口依存度不断加大，但对国际原油市场价格的影响却很小。发展中国家议价能力低一方面由于进出口企业数量多、话语权分散；另一方面也说明发展中国家对国际市场的影响力和控制力还很缺乏。

国际金融行业结构发生改变，但国际投融资决策权的归属并未发生根本改变。2008年全球金融危机爆发后，美、欧、日等发达国家银行业主导的全球银行业格局发生改变。根据2019年全球1000家大银行排名发现，位列前四名的银行为中国四大银行（中国工商银行、中国建设银行、中国农业银行和中国银行），税前利润平均为441.91亿美元，远高于位列五至八名的美国银行（平均为313.40亿美元）、第九名的英国银行（133.47亿美元）、第十名的日本银行（76.31 亿美元）[①]。此外，发展中国家银行，如金砖国家开发银行、亚洲基础设施投资银行的兴起也对国际银行业的结构形成了一定冲击。发展中国家虽然在国际货币基金组织、世界银行、世界贸易组织、G20 等全球经济治理平台中的地位不断上升，但弱势地位尚未发生根本改变。例如，按照国际货币基金组织、世界银行的决策规则，重要决议必须由 85% 以上表决权同意才能通过，美国在国际货币基金组织、世界银行的表决权份额分别为 17.45%[②]、15.76%[③]，因此，美国一家就拥有否决权，其主导地位并无改变。发展中国家在国际金融治理结构中存在影响力与经济实力不匹配，国家软实力与主要发达经济体尚存差距。

（四）发达国家掌握技术、制定标准的格局未变

技术水平是决定发展阶段和发展质量的重要参考和依据。一个国家对关键技术的掌握程度，不仅体现其自身发展的先进水平，还体现了对全球事务的辐射和影响水平。发达国家凭借先发优势，几乎是牢牢控制了国际技术市场。从 1985 年到 2006 年，发达国家（OECD 国家）占全球新增专利技术注册量的 80% 以上，2007 年以来发展中国家专利注册量快速增长，2013 年几乎与发达国家持平（见图 6－8）。但从关键技术的应用和收益来看，发达国家仍然牢牢把握住国际技术市场的格局。图 6－9 显示了发达国家（OECD 国家）和发展中国家（中低收入国家）在国际技术市场获得收益的比例，可以看出即便是 2018 年发展中国家获得技术收益最高的年份，发展中国家在国际技术市场所占的份额仅为 2.7%，发达国家则控制了 95% 以上的技术市场收益。发达国家所持有的那些高端的没有进入国际技术市场的先进技术，对发展中国家来讲更是遥不可及。尽管发展中国家通过中低端制造业的蓬勃发展，扩大了在世界经济中所占的份额，但发达国家对技术发展、国际技术市场的控制地位更难以撼动。

生产技术标准是控制生产方式甚至影响国际贸易的重要措施。在生产协作、产业分工越来越国际化的生产体系中，生产标准的意义更加凸显。制定和

① 银行家数据库，https：//www.thebankerdatabase.com/index.cfm? fuseaction = Featured_ Ranking.default&page = 1#。

② IMF 官网，https：//www.imf.org/external/np/sec/memdir/members.aspx。

③ 世界银行官网，http：//pubdocs.worldbank.org/en/795101541106471736/IBRDCountryVotingTable.pdf。

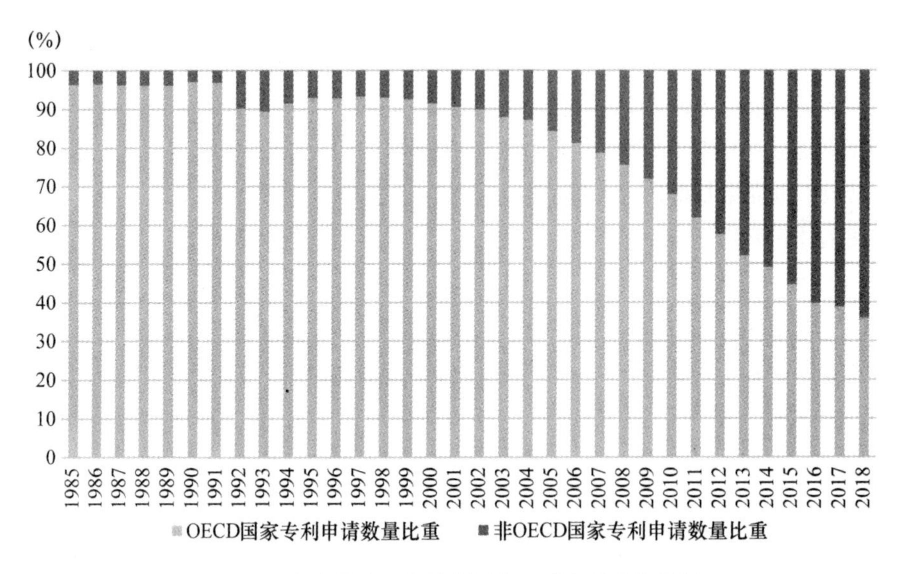

图6-8 发达国家、发展中国家全球专利注册比例

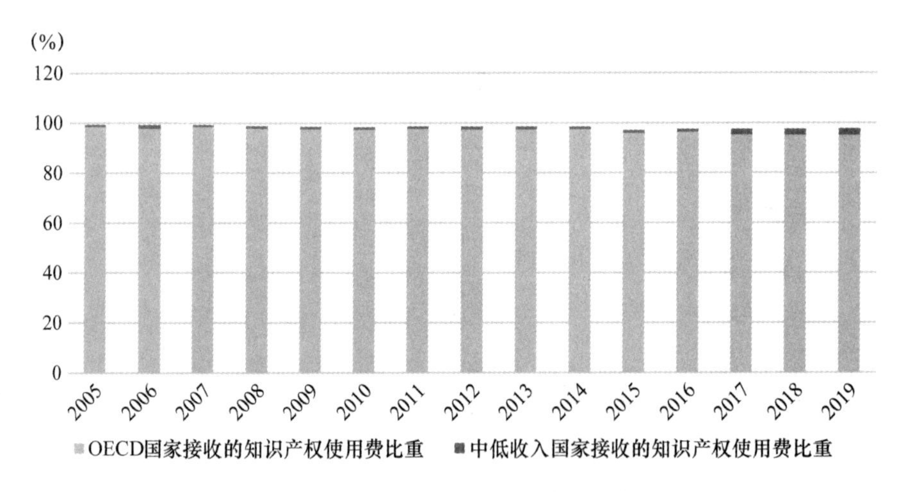

图6-9 发达国家和发展中国家全球专利收益比例

资料来源：根据世界银行数据库数据编绘。

掌握生产标准不仅可以体现相关生产领域的话语权、控制产能和技术升级等投资活动，还可以通过特定的生产标准，设计市场准入标准，从而影响相关产品的国际贸易活动。生产技术标准的制定，必然以技术水平为基础，以发达国家

在技术开发、控制方面的能力，无疑在制定生产技术标准方面具有天然的优势。国际标准组织（ISO）是目前国际社会公认的制定生产技术标准的主要平台，其正式会员有121个国家，发展中国家的数量也占据了相当的比例。但在具体参与标准制定的活动中，由于能力、经费所限，发展中国家还是处于绝对劣势。在国际标准组织近300个专业技术委员会中积极参与标准制定排位前20的国家中，发展中国家仅占四席，分别是中国、俄罗斯、印度和韩国[①]。可以看出，尽管国际标准组织中发展中国家数量上占优，但在具体标准制定过程中，仍然是发达国家占据主导和控制地位。

第二节　各方利益诉求与全球气候治理格局的演化

从20世纪80年代中后期联合国启动全球气候变化谈判到2007年巴厘气候大会，国际气候格局基本上分为南北两大阵营：发达国家以欧盟、美国为代表，发展中国家以77国集团+中国集团为代表。尽管两大阵营内部在利益诉求和谈判目标上颇有差异，但两大阵营的总体格局基本稳固。在发达国家内部，美国先是规则的制定者，《京都议定书》后又成为规则的破坏者；欧盟奉持国际道义，一直追求充当全球气候变化的领导者与《公约》和《京都议定书》的维护者。尽管美国和欧盟的利益与目标不尽一致，但在共同面对发展中国家的立场方面，发达国家集团基本稳固。在发展中国家内部，由于发展阶段和发展需求的差异，各国或者各个小集团利益诉求有所差异，但坚持“共同但有区别的责任”原则，要求发达国家承担减排、资金和技术义务的目标和利益诉求相近。

2011年启动“德班平台”谈判以来，美国由于金融危机和页岩气革命，碳排放总量下降，奥巴马政府希望重新成为全球气候变化的领导者和新气候协议的制定者。欧盟在国际气候格局中的地位相对弱化，已难以充当领导者角色，但仍积极配合和促进国际气候治理进程。以中国为代表的新兴经济体国家国力进一步增强，人均GDP普遍达到或超过中高收入水平，部分国家人均碳排放接近欧盟，表现出发达国家和发展中国家的“二重性”，与最不发达国家

① ISO官网，https：//www.iso.org/members.html？m＝MB。

和小岛屿国家在减排、出资等问题上立场差距有所扩大，逐渐形成发展中国家中一个新的集团——“立场相近发展中国家集团”。

因而，当今的全球气候变化的基本格局，可以概括为：南北交织、南中泛北、北内分化、南北连绵波谱化的局面，大致可以描述为“两大阵营”、“三大板块”、五类经济体。发展中国家和发达国家“南北”两大阵营依稀存在；发达、新兴和低收入国家三大板块大体可辨；发达经济体可分为以美国为代表的人口较快增长及以欧盟和日本为代表的人口趋稳或下降两类；新兴经济体也可分为以中国为代表的人口趋稳及以印度为代表的人口快速增长两类；低收入经济体主要为低收入国家。这些国家将来可能有不断的分化重组，但作为一个整体，或将在一个相当长的时期内存在。

追溯国际气候治理格局的演变，1992 年达成的《气候公约》划分出附件Ⅰ和非附件Ⅰ这南北两大阵营；1997 年《京都议定书》中将附件Ⅰ国家区分为发达国家和经济转轨国家，由此产生发达国家，发展中国家和经济转轨国家三大阵营；2007 年《京都议定书》第二承诺期和《公约》下长期目标谈判奉行“双轨”并行的“巴厘路线图”；2009 年《哥本哈根协定》不再区分附件Ⅰ和非附件Ⅰ国家，并且由于欧盟的东扩，经济转轨国家的界定也基本取消；2015 年《巴黎协定》强调不分南北东西、法律表述一致的“国家自主决定的贡献”，仅能通过贡献值差异看出国家间自我定位差异。公约的发展历程，基本上可以看出是发展中国家责任义务不断增加的过程。发展中国家由最开始以经济社会发展为优先，在应对气候变化方面几乎没有主动开展行动的责任和义务；到《哥本哈根协议》及后续的《坎昆协议》和多哈系列决定，很多发展中国家基于一定的国际合作条件包括来自发达国家的经费和技术的支持，以及相应的支持力度提出了控制或降低温室气体排放的行动目标，但发达国家和发展中国家的目标分列为两个文件，并且监督考核方式也有所差异；2015 年《巴黎协定》中，所有的发展中国家都被要求或者鼓励提出减缓目标甚至是向公约资金机制捐资的目标，很多发展中国家事实上也提出了贡献目标（包括减缓、适应和资金技术的支持目标），所有国家包括发达国家和发展中国家的贡献目标列入同一张表，监督和考核方式也大体一致。从谈判承诺来看，基本实现了与发达国家在责任和义务上的趋同。

第三节 政府为主向政府和非政府行为主体共同行动演化

联合国和各种国际研究机构的评估报告表明，各国的现有减排承诺，距离实现《巴黎协定》将升温控制在2℃、尽量在1.5℃以内的目标，尚存明显差距。而不断上升的全球平均气温以及越来越频繁的极端天气事件、气候灾害也在提醒着全球各地的人们，气候变化行动的迫切性以及气候风险的广泛存在。2015年达成的《巴黎协定》建立在各国自主贡献基础上，意味着自下而上的国际气候治理模式正式取代了《京都议定书》自上而下、各国通过谈判集体商定减排任务的模式。自下而上途径为主权国家政府以外的主体直接参与气候行动拓宽了道路。然而一些国家出于自身利益考虑，在全球行动力本来就不足的情况下，仍然宣布退出《巴黎协定》，让全球气候治理目标的实现受到更大挑战。在此背景下《公约》秘书处的作用也悄然发生变化，从主要服务于政府间国际气候谈判、对谈判结果影响有限的技术支撑机构，逐渐演化为协调和动员各种中间力量和推动全球气候行动的总指挥。《公约》秘书处扩大对非国家政府主体的合作和对话、建立平台加大对非国家主体气候行动的系统记录和跟踪，从而促使各国政府、企业和消费者积极应对气候变化。同时，国家政府以外的其他行动主体，包括地方政府、企业、独立研究机构、环境非政府组织、以及掌控大量资金的机构投资者等，在气候行动方面的作用不断加强。除了国际气候制度和各国政府主导的气候行动外，各种自愿气候行动标准和机制也在增加，市场在气候变化应对方面的能动地位也在上升。

一 从自上而下的《京都议定书》到自下而上的《巴黎协定》

在国际气候谈判中，各主权国家是谈判的主体。1992年通过的《联合国气候变化框架公约》，签字和约束的主体是主权国家，并确定气候行动方面的五项主要原则：不得损害他国原则、在存在不确定性情况下决策的审慎原则、污染者付费原则、可持续发展原则、以及发达国家和发展中国家“共同但有区别的责任”原则，并明确了国家分类，要求由发达国家要帮助发展中国家发展和向其他国家转让环保技术，提供资金支持。但《公约》并未就各国的减排责任和义务做出定量规定。

1997 年通过的《京都议定书》，采取了自上而下的途径，即通过强有力的多边机制和具有法律约束力的减排或资金承诺，规范各国的责任行动目标。《议定书》明确了发达国家和经济转型国家在第一承诺期 2008—2012 年的减排幅度。这种自上而下的模式的效力，取决于其是否附有以资金或贸易制裁为基础的奖惩机制。但是随着新兴国家的崛起，发展中国家在全球经济和温室气体排放中的份额逐渐上升，发达国家不愿承担自上而下的法律强制性减排目标，并要求打破发达国家和发展中国家之间的责任和义务的界限。

在 2009 年底哥本哈根气候谈判之前，全球气候治理遵循的是《京都议定书》下“集中确定减排目标和时间表”途径。谈判在哥本哈根陷入僵局，仓促出台的《哥本哈根协议》，为自下而上的“自愿承诺 + 审议”模式铺平了道路，在新的模式下，发达国家根据本国情况，自愿承诺“适合本国国情的减排行动”（Nationally Appropriate Mitigation Actions）。因而，哥本哈根会议将各国的任务分摊方式从集中讨价还价根本上扭转为各国根据自身利益自愿承诺。①

之后几年中，这种自下而上模式在坎昆、德班和华沙举行的联合国年度气候谈判中逐步强化。到了 2014 年，在智利首都利马召开的气候谈判会议要求所有国家都要提交“国家自主贡献”。2015 年达成的《巴黎协定》，则正式确立了“自愿承诺 + 审议”模式，并建立了国家自愿承诺每五年一次的全球盘点和透明度框架制度，用于评估各国减排承诺和逐步收紧减排目标之间的可比性。②

二 《公约》秘书处角色和作用的演化

《公约》秘书处最初的角色定位是一个由技术专家组成的官方机构，其首要的职责是服务于各国政府。与其他国际环境官方机构相比，《公约》秘书处对谈判结果的影响有限。Busch 认为，《公约》秘书处就像穿着束身衣讨生活。

① Falkner, R., “The Paris Agreement and the new logic of international climate Politics”, *International Affairs*, Vol. 95, No. 2, 2016, pp. 1 - 28.

② UNFCCC, Paris agreement, FCCCC/CP/2015/L. 9/Rev. 1. Bonn: United Nations. 2015.

他指出，主权国家对这一官方机构的职权范围规定较窄，并将之归因于气候变化问题本身的结构。[①]

但是近年来，《公约》秘书处的人员规模和预算逐步增加。秘书处在推动全球应对气候变化的过程中，与地方政府、民间社会组织以及私营企业的互动不断增加，角色发生了转变。在参与主体众多、复杂多样的国际气候治理体系中，《公约》秘书处一直是协调各方应对气候变化的核心力量。随着国际气候治理模式的转变，《公约》秘书处也着手建立国际平台，鼓励非国家政府主体的参与，协力推动气候治理行动。

所谓多方协力推动的理念，就是一种发起与协调方—中间力量—目标群体的关系。即作为发起与协调方的国际机构和主权国家，通过动员非主权政府行为主体、政府间组织、跨政府网络，促使这些中间力量影响目标群体，从而实现公共目标。多方协力推动是一种间接、缺乏强制力的国际治理方式，国际机构通过中间力量影响包括消费者、国家或企业在内的最终目标群体，缺乏对这一链条各个环节的有力控制。这种多方协力助推已成为一种重要的国际治理方式。[②]

这种治理模式之所以得以在全球气候治理中逐渐占据优势，是由于以下几方面原因。首先，和其他国际机构相比，《公约》秘书处由于工作人员数量和预算有限；其次，在气候治理领域，存在大量潜在的中间力量，如跨国网络、民间社会、地方政府、专家学者、投资者等；再次，《公约》秘书处在国际气候治理领域仍处于独一无二的核心地位；最后，由于气候问题涉及所有行业和部门，而且存在排放与遭受损失的不对称以及脆弱性差异等，各国在气候变化问题上的立场差异很大。

三　非国家行为主体积极行动

在《公约》下，非缔约方利益相关方可以申请观察员身份，参加缔约方大会。《公约》的程序规则中写明，除非 1/3 以上的缔约方反对，任何拥有和

---

① Busch, P. -O., "The climate Secretariat: Making a living in a straitjacket", In: Biermann F. and Siebenhü ner B. (eds), *Managers of Global Change: The Influence of International Environmental Bureaucracies*, Cambridge, MA: MIT Press, 2009, pp. 245 -264.

② Busch, P. -O., "The climate Secretariat: Making a living in a straitjacket", In: Biermann F. and Siebenhü ner B. (eds), *Managers of Global Change: The Influence of International Environmental Bureaucracies*, Cambridge, MA: MIT Press, 2009, pp. 245 -264.

《公约》相关专业知识的国家或国际、政府或非政府机构和团体都可以申请观察员身份①。按照 UNFCCC 的分类，非缔约方利益相关方分为以下八大类：工商企业非政府组织、环境非政府组织、原居民组织、地方政府和市政府、研究和独立非政府组织、行业协会非政府组织、农民和农业非政府组织以及妇女、性别与青年组织。面对不断加剧的气候变化，许多主权国家政府以外的机构，也积极参与国际气候大会，宣传自己的主张和行动，并且在日常活动中，积极应对气候变化。非缔约方利益相关方积极参加一年一度的国际气候大会，截至 2017 年 12 月，有 2000 多个非政府组织和 100 多个政府间组织已经获观察员身份认证，可以参加国际气候大会。

全球气候治理进程，需要动员各国政府、企业、民间社会组织以及全体公民的共同应对，除了政府资金外，还需要大量私营部门投资。非缔约方利益相关方共同参与《公约》和《巴黎协定》均得以肯定。非缔约方利益相关方在经验分享、合作实施国家的气候目标和减缓行动方面有特殊地位。非国家行为主体的崛起，是国际气候政治遭遇挫折背景下的新的尝试。美国联邦政府 2017 年 6 月宣布退出《巴黎协定》后，市长公约下的许多地方政府和基层政府以及企业组成了“我们仍在参与”（We Are Still in）网络，表示其致力于应对气候变化的行动和决心不会受到影响。美国的制度下，各州有自己的法律和拥有很大的自决权。美国部分州设立了排放贸易市场，在气候变化应对方面，走在联邦政府前面。

国际社会还寻求将非国家政府行为主体纳入建立在政府间条约的国际气候制度中。2014 年，《公约》秘书处、秘鲁、法国共同创立了“气候行动非国家政府主体区”（Non - State Actor Zone for Climate Action）并启动了全球气候行动门户站点（Global Climate Action Portal），2019 年 12 月，该门户站点收录了两万多个私营部门和国家政府以外的公共主体气候行动承诺，使非国家主体在国际气候会议中更加活跃、突出。同时，各种利益相关方的积极参与，也提出了一些问题，包括私营部门作为标准制定者的角色以及如何解决对非国家政府主体行为的问责机制。② 全球气候行动门户站点（Global Climate Action

① UNFCCC, Draft RoP, *Supra*, note 3, Rule 7.

② Charlotte Streck, “Filling in for Governments? The Role of the Private Actors in the International Climate Regime”, *Journal for European Environmental & Planning Law*, Vol. 17, Issue 1, 2020, pp. 5 – 28, https://doi.org/10.1163/18760104 – 01701003.

Portal – NAZCA）在 2019 年 9 月重新上线，添加了新的互动地图和国家背景介绍页面，方便用户浏览来自世界各地的跨部门气候承诺。在各国的网页下，汇总了该国各个城市、地区、企业和组织的气候行动，以启发其他国家模仿，采取类似的行动，发现合作减排的潜在机会，并提供该国的国家自主贡献网页链接以及长期减排战略链接。该门户网站是专门为联合国秘书长的气候行动峰会开发的官方数据库。“气候冠军”是《公约》下提升非缔约方利益相关方影响和积极性的又一举措。2015 年召开的《公约》第 21 次缔约方会议（COP21）上，各国政府一致认为，为了实现《巴黎协定》下的目标，亟须动员更有力、目标更高的气候行动。为了政府与诸多非政府行为体之间的合作关系，从 2015 年开始，在每年的缔约方会议上，由现任和下任缔约方会议主席任命两位高层“气候冠军”。“气候冠军”的任期一年，以确保在联合国气候大会与众多自愿、合作行动之间，建立起持久的联系。

延伸阅读

1. 王伟光、郑国光：《应对气候变化报告（2011）——德班的困境与中国的战略选择》，社会科学文献出版社 2011 年版。

2. 王伟光、郑国光：《应对气候变化报告（2014）——科学认知与政治争锋》，社会科学文献出版社 2014 年版。

3. 潘家华、王谋：《国际气候谈判新格局与中国的定位问题探讨》，《中国人口·资源与环境》2014 年第 4 期。

4. 王文涛、刘燕华等：《全球气候治理与中国战略》，中国社会科学出版社 2019 年版。

练习题

1. 1990 年以来全球排放格局变化趋势是什么？

2. 什么是历史累积碳排放和人均历史累积排放？

3. 发达国家和发展中国家人均历史累积碳排放差距有多大？

4. 简述全球气候治理基本格局。

第七章

全球气候治理的范式转型

《联合国气候变化框架公约》实施以来，随着全球经济增长，各国应对气候变化的能力和意愿也在发生调整。《巴黎协定》展示了一种新的全球治理范式，即在发达国家的引领下，发达国家、发展中国家共同承诺并明确减排目标，拓展了减排行动的基本面，全球气候治理也由此进入一个新的阶段。

第一节　全球经济发展推动气候治理认知调整

1992 年公约签署以来，全球经济实现了显著发展。世界银行统计数据显示，全球人均 GDP 由 1992 年的 4668. 30 美元提升到 2019 年的 11441. 73 美元。尤其是发展中国家，不仅经济总量实现高速增长，人均 GDP 也有明显提升，从 1992 年的人均 943. 71 美元，增长到 2019 年的 5400. 93 美元。正是因为经济社会的快速发展，部分国家保护环境、气候的意识得到提升，参与国际气候治理的立场也出现了调整，由发展经济为主，不承诺减排到有条件开展减排（需要资金、技术、能力建设等支持），再到自主、自愿开展应对气候变化行动。因此，全球经济的发展带动了教育、文化、消费等社会进步，提升了国际社会对环境、气候问题的认知和行动能力，让更多人、更多国家有意愿、有条件积极参与国际气候治理进程，保护气候安全。

同时，通过多年的发展实践，在煤炭、钢铁等传统能源行业和高耗能行业逐渐萎缩的情况下，可再生能源产业、互联网、人工智能等新兴行业也在迅速崛起，这些新兴行业所提供的就业机会和产出，也一定程度上抵消了应对气候变化导致的传统行业就业和经济损失的负面影响，并成为推动经济增长的新动能、新机遇。因此，各国看待应对气候变化的角度，不再单纯是成本的增加，国家间的零和博弈，也开始探讨应对气候变化可能带来的发展机遇和红利，这也导致各国行动意愿的上升。

发展中国家应对气候变化的意愿提升，不能成为发达国家在减排上“甩锅”或者不积极作为的理由。历史人均累积排放，是更能体现一个国家历史排放责任的指标。根据世界资源研究所 CAIT 数据库资料计算，发达国家人均历史累积排放普遍很高，美国、英国、德国均超过人均 1000 吨二氧化碳排放，而发展中国家一般不超过 100 吨，中国 104 吨处于发展中国家中间水平，印度仅 29 吨。气候变化是由历史排放的温室气体造成的，从各国人均历史累积排放可以看出各国在应对气候变化的国际合作中历史责任的大小和对未来排放空间的需求。因此，虽然发展中国家行动意愿和能力相比公约缔结之初有所加强，但发达国家引领国际气候治理，加大力度开展温室气体减排的责任和义务没有改变。

第二节　全球气候治理逐渐确认共同行动的治理范式

巴黎会议无疑是继哥本哈根会议之后，国际气候治理的又一个里程碑。中国、美国等主要缔约方的元首齐聚巴黎，发表了积极合作和行动的政治宣言，是一次极为重要和高效的全球政治动员。相比哥本哈根会议，巴黎会议的元首们表达了更多自主行动而不仅仅是合作行动的积极意愿，对待气候治理的视角也由之前顾虑承担气候治理的成本，转为积极寻求国际气候治理孕育的经济增长机会和动力，这样的认知转变也为后续谈判和全球行动的开展奠定了更加坚实的基础。

国际气候治理新范式：积极承诺，共同行动。基于经济社会的发展，也基于国家自主承诺的包容机制，包括中国在内的部分发展中国家提出了相对以往气候协议更为积极的国家自主贡献目标，体现了共同行动的良好意愿。在《哥本哈根协议》的国家适当减缓行动信息文件中（发展中国家 2020 年前的自主减排行动目标），发展中国家提出的减排目标是以获得资金、技术、能力建设等支持为条件的承诺目标。但在《巴黎协定》的国家自主贡献目标体系中，更多的发展中国家展现了“以我为主”开展行动的积极姿态，并且在资金机制、透明度、盘点机制等议题的谈判中展现了极大的灵活性，体现了共同行动的意愿和承诺。①

《巴黎协定》下有188个缔约方提交了国家自主贡献，这些贡献目标的实施阶段大多为2021年到2030年，部分为2021—2025年。这些目标提出之前已经经历了各国国内反复研讨、调整，随着《巴黎协定》批约进程的推进，各国提出的自主贡献目标将进一步确立为各国国内具有一定法律约束力的行动目标，从而保障《巴黎协定》目标的有效实现。后巴黎谈判进程也将重点关注《巴黎协定》的实施和执行，并通过包括透明度、全球盘点、资金机制等相关执行规则的制定推进所有缔约方对协定的实施。从《哥本哈根协议》到《巴黎协定》，国际气候治理下缔约方的合作模式，由之前发达国家主导发展中国家跟随，逐渐过渡到所有缔约方自主贡献、积极承诺、共同行动的新范式；在看待应对气候变化与经济发展的关系上，认识和观念也有明显转变，由之前将应对气候变化看作经济发展的增量成本，转而视之为新的经济增长领域和绿色转型发展的新动力。这些积极转变，确立了国际气候治理新范式，也在通过国际合作实现全球气候安全的进程中，向前跨出了一大步。

第三节　全球气候治理从政策推动向市场推动转型

长期以来，全球气候治理的难度在于各国将应对气候变化视为经济发展的增量成本，是经济社会发展的负担。因此，开展温室气体减排的行动主体包括政府、大型企业等，在面临减排任务时能少做不多做；或者希望其他国家多行动，自己少做最好不做。这也符合早期应对气候变化技术成本高、认知水平有限的特点。以太阳能光伏发电为例，2007年到2017年光伏发电度电成本累计下降了约90%。② 应该说早期的高昂生产成本，的确会对气候友好型技术的普及和应用产生阻力。但随着应对气候变化进程的深入，越来越多的环境友好技

① 王谋：《全球极端天气频发，尤需携手以对》，人民日报（海外版）官网，2018年7月30日。

② 《中国光伏发电度电成本下降90%》，观察者网，2018年4月13日。

术，尤其是节能、提高能源利用效率等技术成本不断下降，开展应对气候变化行动如果算上技术的远期收益，其成本可能非常容易接受，在局部领域甚至可能产生负的成本增量。因此，推行具有经济、环境效益的气候友好技术，将可能存在大规模商业普及的模式，形成新的业态。正是由于全球应对气候变化的认知度的提高、技术成本的下降以及国际合作机制的建立，应对气候变化工作，在一些国家发展议程中，已经开始呈现由负担向机遇的转型。未来应该探索如何以应对气候变化工作促进经济发展，形成新的经济增长点。

《巴黎协定》通过之后，全世界几乎所有国家都向《公约》秘书处提交了国家自主贡献。一些国家还提交了2050长期气候行动目标。同时，各国为了实现这些气候目标，国内的政策、发展战略也向低碳、绿色发展、可持续发展方向调整。在这种有利的国际、国内环境下，企业和地方政府也从消极等待转为主动提前准备。企业和地方政府在投资时，必然考虑未来十年甚至数十年整个项目或设备寿命周期的市场方向和政策方向，迎合未来发展趋势。此外，不少企业采取绿色发展，还通过打造企业在消费者、客户心中的形象，从而提高企业的市场竞争力。

机构投资者（尤其是养老金和互助基金）控制着数万亿美元的资金，投资数万企业。这些机构投资者越来越将环境和社会治理原则纳入其日常运营，朝着对社会负责的投资转移。投资人驱动的治理机制（Investor - Driven Governance Mechanisms，IDGMs）的出现，是世界政治中一项重要但很大程度上被忽视的现象。其中典型代表包括碳披露项目（Carbon Disclosure Project）、对环境负责任的经济联盟（the Coalition for Environmentally Responsible Economies，CERES），以及在气候变暖上的股东积极主义。这些投资人驱动机制的出现，是由于市场的理性需求以及气候变化对投资人构成的风险。尽管这些投资人驱动的治理机制的驱动力量是机构投资人，其仍然和政府的政策以及民间社会组织、特别是环保组织的积极倡导和推动存在很大联系。

总之，市场力量的上升，推动了私营部门和公众对气候行动的参与，对于全球应对气候变化起到了积极补充，但这种自愿行动的范围有限，无法保证所有企业和个人的共同参与。各国政府在制定政策、确定社会发展方向、维护公共利益方面的作用，仍然至关重要。

第四节　全球气候治理与落实2030可持续发展目标协同

《巴黎协定》与2030全球可持续发展目标成为引领全球绿色发展的新动力。国际能源署研究显示，2015年全球能源相关二氧化碳排放量与2013年水平持平，但同时全球经济增长3%以上，表明全球经济增长和碳排放增量正在脱钩。这与可再生能源的迅速发展和煤炭行业的不断萎缩有直接关系。2017年全球发电净增加值70%来自可再生能源，全球对可再生能源发电的投资是对化石燃料和核能发电投资总和的两倍多。[①] 全球气候治理已初见成效。2015年全球绿色发展方面取得了两项重要国际成果，即《巴黎协定》与2030全球可持续发展目标。根据里约大会授权，《巴黎协定》的成果也会自动成为2030全球可持续发展目标的一个部分，因此，两个进程高度关联，在未来实施过程中也可以相互配合和促进，成为推动、引领全球绿色发展的引擎。

国际气候治理已成趋势，已具韧性。《巴黎协定》是包括中美元首在内，全球一百多位国家元首共同推动所取得的里程碑似的成果，各国表达了更多积极自主行动而不仅仅是合作行动的积极意愿，确立了共同行动的国际气候治理新范式。美国在《巴黎协定》刚刚生效半年多时间宣布退出，无疑会对全球应对气候变化积极合作的态势产生消极影响。[②] 但美国由于执政党替换导致的颠覆性地参与全球气候治理的立场国际社会已经经历过，也具备了一定的适应能力。尤其是在美国政治经济全球影响力相对下降、关注环境与发展问题的新兴经济体国家影响力快速上升的背景下，共和党政府再次退出全球气候治理进程，其震撼力和消极意义都要远小于小布什政府退出《京都议定书》的影响。美国作为历史排放责任最大、经济实力和开展气候行动能力最强的发达国家无视国际社会合作应对气候变化的共同意愿和努力，执意退出《巴黎协定》，已经还将继续受到国际社会的谴责。而包括中国在内，既关注发展也同样关注环境安全的联合国的其他缔约方、国际组织和私营部门，为了抵消美国退出的消

① 陈济、李俊峰：《落实〈巴黎协定〉任重而道远》，《环境经济》2016年第24期。

② 王谋：《美国退出〈巴黎协定〉对全球气候治理有何影响》，《时事（职教）》2017年第1期。

极意义，将可能开展更加务实、紧密的合作，推动全面实现《巴黎协定》的既定目标，保障全球气候安全。

《巴黎协定》确立的所有缔约方自主贡献、积极承诺、共同行动的新范式将会延续，国际气候治理与2030可持续发展目标的实践必将成为引领全球绿色转型发展的新动力。应对气候变化的国际合作行动已经从政府引导向市场引导、资本引导的模式转变，国际气候治理应对政策风险的韧性已基本建立，未来行动将在广度和深度上不断拓展，确保实现气候安全和经济社会可持续发展。

延伸阅读

1. 潘家华：《气候变化经济学》（上、下册），中国社会科学出版社2018年出版。

2. 何建坤、卢兰兰、王海林：《经济增长与二氧化碳减排的双赢路径分析》，《中国人口·资源与环境》2018年第10期。

3. 王伟光、郑国光：《应对气候变化报告（2016）——〈巴黎协定〉重在落实》，社会科学文献出版社2014年版。

练习题

1. 《巴黎协定》确立了什么样的全球气候治理范式？
2. 如何认识全球气候治理从政策推动向市场推动转型？
3. 简述全球气候治理与落实2030可持续发展目标的关系。

第八章

全球气候治理中的中国

1992 年在巴西里约热内卢召开的联合国环境与发展大会上，189 个国家和地区共同签署了《联合国气候变化框架公约》（以下简称《公约》），奠定了迄今以来全球气候治理机制的主要框架基础。中国作为全球最大的发展中国家，多年来在《公约》机制下，一直全程、积极、建设性地参与全球气候治理活动，采取切实行动应对气候变化，结合实际不断提出中国方案，贡献中国智慧，展现了中国作为负责任大国的担当，为全球应对气候变化作出了重要贡献。

第一节　中国参与国际气候治理进程回顾

中国参与全球气候治理的进程，与国际气候制度和行动的演进、全球气候变化研究的不断深入、中国整体发展阶段的变化以及对气候变化问题的认识不断深化等因素密不可分，总体上经历了科学参与、战略防御、发展协同、主动贡献四个阶段[①]。

一　科学参与为主阶段

该阶段主要从 20 世纪 80 年代中后期至 90 年代中期。限于当时的认识水平，中国基本上将《公约》视为一个国际环境协定，将气候变化更多看作一

① 庄贵阳、薄凡、张靖：《中国在全球气候治理中的角色定位与战略选择》，《世界经济与政治》2018 年第 4 期。

个环境问题，在行动上主要以自然科学界的学者参与为主，重点是加强对气候变化的科学认知。在这种情况下，中国在签署和批准《公约》问题上表现出了积极合作的态度，很快签署了《公约》。同时，为参与应对气候变化国际治理进程，中国政府于1990年在国务院环境保护委员会下设了“国家气候变化协调小组”，在当时的国家气象局设立了专门的办事机构。

二　战略防御为主阶段

该阶段主要从20世纪90年代中期至2005年前后。随着各国围绕《公约》展开国际气候谈判的曲折推进，特别是围绕《京都议定书》有关机制的激烈交锋，中国政府开始意识到应对气候变化实际上超越了科学与环境范畴，本质上是一个发展问题，于是在1998年设立国家气候变化对策协调小组，并将办事机构由中国气象局（1992年，国务院将国家气象局调整为中国气象局）转移至当时的国家计划委员会（后更名为国家发展和改革委员会），在全球参与中更加注重对自身发展权益的维护，行动以外交政策上的战略防御为主，比如，在此阶段，中国在气候外交上坚持发达国家必须承担减排的主要责任与义务，强调“在达到中等发达国家水平之前，（中国）不可能承担减排温室气体的义务”的立场①。

三　协同发展为主阶段

该阶段从2006年开始至2013年前后。随着中国加入世贸组织后经济快速发展，中国的能源消费和碳排放逐年快速增长，根据全球碳项目（Global Carbon Project）数据，2013年，中国碳排放量约占全球总排放量的近三成，总量超过欧盟和美国的总和，人均碳排放首次超过欧盟。② 这种状况对中国自身经济发展和国内国际气候政策带来的影响日益明显，自身庞大的温室气体排放总量以及恶化的环境问题，迫使中国在内部采取更自律、更具约束力减排路径，同时，应对气候变化不再被单独视为环境问题，中国越来越认识到气候变化对粮食安全、水资源安全、生态和环境安全等提出了严峻挑战，只有深化国内减

① 李令军、张文娟、杨新兴等：《我国在气候变化国际谈判中的政策分析》，《中国环境科学学会大气环境分会·第八届全国大气环境学术会议论文集》，2000年，第672—677页。

② GCP，https：//www.globalcarbonproject.org/carbonbudget/.

排目标的落实，不断提升自身减缓和适应能力，才能有效应对环境风险，保障经济社会稳定发展。这意味着中国政府应对气候变化的立场和政策的重大转变，即应对气候变化与国民经济社会发展目标具有协同一致性。这一认识的转变推动中国从经济、社会发展的战略高度来重视气候变化问题，把应对气候变化作为国家安全体系和经济社会可持续发展战略的重要组成部分统筹考虑，更加注重应对气候变化国内国际协同行动和地缘政治影响。在这样的背景下，中国在全球气候治理行动中由过去的防御姿态逐渐转向有所作为、主动作为。2006 年，中国第一次提出了单位国内生产总值能耗国家目标，在国民经济发展“十一五”规划中明确“到 2010 年单位国内生产总值能耗比 2005 年下降 20% 左右”。2007 年，中国政府进一步提升并扩充气候变化领导小组的地位和力量，在国家发展和改革委员会下专设了应对气候变化司（2018 年转为隶属新组建的生态环境部），并制定了《中国应对气候变化国家方案》。自 2008 年起，应对气候变化作为政府工作任务部署，每年都列入国务院政府工作报告。2009 年，在哥本哈根气候峰会前，中国政府正式宣布了控制温室气体排放的行动目标：即 2020 年单位国内生产总值二氧化碳排放比 2005 年下降 40%—45%，非化石能源占一次能源消费的比例达到 15% 左右，森林面积和蓄积量分别比 2005 年增加 4000 万公顷和 13 亿立方米。该目标作为约束性指标纳入了国民经济和社会发展中长期规划，在后来的“十二五”、“十三五”规划中都明确了相应的碳排放目标，这意味着在发展路径上中国明确选择了低碳经济发展道路。

四 主动贡献阶段

该阶段为 2014 年后自 2014 年起，中国应对气候变化战略进一步转型，从以往的相对被动参与转向更加积极主动，尤其是在推动《巴黎协定》的达成签署和生效上，中国发挥了重要的推动和引领作用。2014 年 11 月 12 日，中美两国元首发表《中美元首气候变化联合声明》，中国正式提出 2030 年左右碳排放达到峰值，并且非化石能源在一次性消费能源的比重计划将达到 20%①。2015 年 6 月，中欧就气候变化问题发表《中欧气候变化联合声明》，

① 《中美发布应对气候变化联合声明》（全文），国务院新闻办公室网站，2014 年 11 月 12 日，http：//www. scio. gov. cn/ztk/xwfb/2014/32144/xgzc32154/Document/1387047/1387047. htm。

随后中国向联合国《公约》秘书处提交了《强化应对气候变化行动——中国国家自主贡献》[①]，明确了中国的“国家自主贡献”目标；2015 年 12 月，巴黎气候大会达成全球应对气候变化的重要法律文件《巴黎协定》。围绕《巴黎协定》的签署和生效，中美于 2015 年 9 月再次发表联合声明，并于次年杭州二十国集团（G20）领导人峰会上，习近平主席和奥巴马总统分别向联合国秘书长潘基文提交了批准《巴黎协定》的文件，促成《巴黎协定》于 2016 年 11 月 4 日生效。十九大报告做出了中国特色社会主义进入新时代的重大判断，提出“引导气候变化的国际合作，成为全球生态文明建设的重要参与者、贡献者、引领者”，为中国深入参与全球气候治理提出了新要求。2020 年 9 月 22 日，习近平主席在第 75 届联合国大会一般性辩论提出 2030 年前碳达峰，2060 年前碳中和的新目标。翻开了中国积极应对气候变化、构建人类命运共同体的新篇章。

综合三十多年来中国参与全球气候治理的历程，从强调“不可能承担减排温室气体的义务[②]”到自愿明确单位国内生产总值量化减排目标、再到确定 2030 年峰值目标以及全力推动《巴黎协定》的达成，一个清晰的趋势是：中国在全球气候治理中的角色从被动跟随转向积极行动。同时，通过国际谈判上取得的成果又进一步促进了中国国内低碳政策的发展，内政外交有益互动、国内国际气候治理协同发展的趋势不断增强。这些变化反映了中国对气候变化认知的提高和参与全球气候治理能力的增强，也体现了中国在影响全球气候治理“大格局”中的作用和地位的变化。

第二节　中国应对气候变化主要行动与重要成绩

《公约》作为国际社会在应对气候变化问题上进行国际合作的基本框架，奠定了国际气候制度的基本内容，如缔约方履约行动必须遵守的基本原则（如“共同但有区别的责任”原则、预防原则和可持续发展原则等）、各缔约方的义务、资金机制、技术转让规定、能力建设规定等。在《公约》基本框

---

① 《强化应对气候变化行动——中国国家自主贡献》（全文），中央政府门户网站，2015 年 6 月 30 日，http://www.gov.cn/xinwen/2015-06/30/content_2887330.htm。

② 张海滨：《中国与国际气候变化谈判》，《国际政治研究》2007 年第 1 期。

架基础上，后来的《京都议定书》（COP3·1993 年）、《巴厘行动计划》（COP13·2007 年）以及《巴黎协定》（COP21·2015 年）等重要国际协议，进一步明确了各项国际气候制度的具体内容，2007 年 COP13 通过的《巴厘行动计划》确定了全球应对气候变化的长期目标和减缓、适应、技术和资金四大关键议题，被形容为一辆车的“四个轮子”，只有平衡推进，才能行稳致远。中国统筹国际国内积极履约，取得了令世人瞩目的成绩。

一　减缓气候变化

自 2006 年以来，中国政府陆续出台相关政策，并基于国民经济发展规划，通过调整产业结构，优化能源结构，大力节能增效，植树造林等政策措施，努力控制温室气体排放，取得明显成效。在“十一五”时期，中国政府于 2007 年发布《“十一五”节能减排综合性工作方案》，明确了节能减排的具体目标、重点领域及实施措施[①]；修订《产业结构调整指导目录》，出台《关于抑制部分行业产能过剩和重复建设引导产业健康发展的若干建议》，提高高能耗行业准入门槛，通过促进企业兼并重组、加强传统产业技术改造和升级等手段降低企业能耗水平；出台《关于加快培育和发展战略性新兴产业的决定》，支持节能环保、新能源等战略性新兴产业的发展，尤其是在可再生能源领域发展迅猛。根据世界银行报告数据，1990—2010 年，全球累积节能总量中中国的占比达到了 58%。在发展可再生能源上，中国的装机容量也占了全球 24%，新增的容量占全球 37%。[②]

在“十二五”时期，中国组织编制《国家应对气候变化规划（2014—2020 年）》，对 21 世纪第二个十年的中国应对气候变化工作进行系统谋划；中国提出的 2030 年左右排放峰值目标、20% 非化石能源目标等进一步倒逼国内产业政策和机制转变，尤其是将生态文明建设纳入“五位一体”总体布局，“绿水青山就是金山银山”理念成为各级政府工作目标，进一步使减排与经济转型发展的协同一致性上升为经济社会发展的内在要求。在此基础上，中国先后出台实施了《大气污染防治法（修订案）》（2014 年）、《环境保护法》

① 《国务院关于印发节能减排综合性工作方案的通知》（国发〔2007〕15 号），2017 年 5 月，http：//www.gov.cn/xxgk/pub/govpublic/mrlm/200803/t20080328_32749.html。

② 解振华：《全球气候治理的中国贡献　20 年累积节能占全球 58%》，中国金融信息网，2016 年 3 月 24 日，http：//huanbao.bjx.com.cn/news/20160324/719217.shtml。

（2015 年）、《可再生能源法》等，建立了严格的责任追究机制，加大了污染环境的违规成本。到“十二五”末期，中国单位 GDP 能源相关二氧化碳排放下降了 20%，中国能源活动单位国内生产总值二氧化碳排放下降了 20%，超额完成下降 17% 的约束性目标；非化石能源占一次能源消费的比重达到了 11.2%，比 2005 年提高了 4.4 个百分点，2011—2015 年中国在全球可再生能源的总装机容量中占据 25%，使中国成为世界节能和利用新能源、可再生能源第一大国。

在绿色投资领域，中国先后颁布了《绿色信贷指引》等相关政策规定。近年来在全球绿色投资竞争中中国一直稳居前列，在清洁能源、污染治理等领域投入的资金量遥遥领先其他国家。在碳市场建设上，在中国政府的推动下，2010 年开始实行低碳省区和低碳城市试点，在全国建立了北京、上海、天津等 7 个区域性碳市场试点，从减排主体、减排配额、交易工具、交易机制等角度进行探索，为碳市场建设积累经验（图 8－1）。整个“十二五”期间，七个区域性碳市场试点共纳入 20 余个行业、2600 多家重点排放单位，累积成交排放配额交易约 6700 万吨二氧化碳当量，累积交易额达 23 亿元。2021 年 1 月 1 日，首个履约周期正式启动，涉及 2225 家发电行业的重点排放单位。

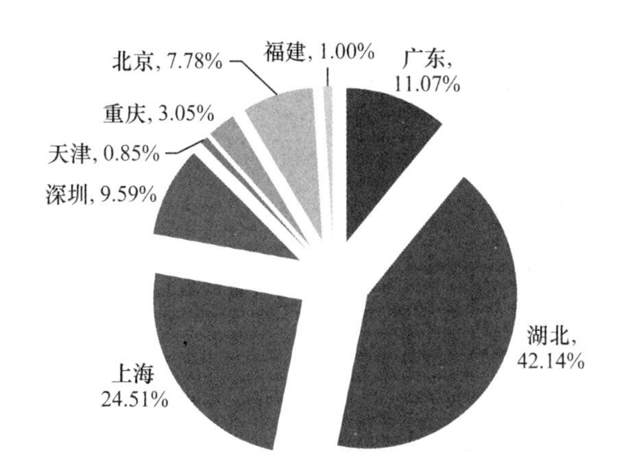

图 8－1　2013—2018 年全国碳排放交易量区域分布情况

资料来源：前瞻产业研究院。

除此之外，中国还推出了非常具有中国特色的行政管制措施，采取了类似于关闭高能耗工厂、产能压缩等一系列的强力措施。

根据2020年12月21日发布的《新时代的中国能源发展》白皮书，中国2019年碳排放强度比2005年降低48.1%，提前实现了2015年提出的碳排放强度下降40%—45%的目标。[①] 中国绿色低碳发展所采取的一系列行动，为引领全球气候治理打下了坚实基础。

二　适应气候变化

适应气候变化是降低气候变化危害、防灾减灾、促进社会和谐稳定的迫切需要，也是转变经济发展方式和建设资源节约型、环境友好型社会的迫切需要。多年以来，中国不断强化适应气候变化领域的顶层设计，提升重点领域适应气候变化的能力，加强适应气候变化基础能力建设，努力减轻气候变化对中国经济社会发展的不利影响。1994年颁布的《中国21世纪议程——中国21世纪人口、环境发展白皮书》首次提出适应气候变化的概念。2007年制定实施的《中国应对气候变化国家方案》系统阐述了中国各项适应任务。2010年发布的《中华人民共和国国民经济和社会发展第十二个五年规划纲要》明确要求"在生产力布局、基础设施、重大项目规划设计和建设中，充分考虑气候变化因素。提高农业、林业、水资源等重点领域和沿海、生态脆弱地区适应气候变化水平"[②]。2013年，国家发展和改革委员会颁布《国家适应气候变化战略》，进一步明确了我国适应气候变化工作的基本原则、主要目标以及重点任务。与此同时，农业、林业、水资源、海洋、卫生、住房和城乡建设等部门也先后制定实施了一系列适应气候变化的重大措施。

在农业领域，中国持续开展农田基本建设、土壤培肥改良、病虫害防治等工作，明确了到2020年农作物重大病虫害统防统治率达到50%以上的目标。大力推广节水灌溉、旱作农业、抗旱保墒与保护性耕作等适应技术，实施大型和重点中型灌区续建配套和节水改造，开展区域规模化高效节水灌溉，广泛推广地膜覆盖、膜下滴灌、水肥一体化等旱作农业技术，着力提高种植业适应能力。利用气候变暖热量资源，细化农业气候区划，适度调整种植北界、作物品种布局和种植制度，适度提高复种指数，改进作物品种。加强农作物育种能力

---

① 《国务院新闻办发布〈新时代的中国能源发展〉白皮书》，《人民日报》2020年12月22日第2版。

② 发展和改革委、财政部、住房和城乡建设部、交通运输部、水利部、农业部、林业局、气象局、海洋局：《关于印发国家适应气候变化战略的通知（发改气候〔2013〕2252号）》，中央人民政府官网，http://www.gov.cn/gongbao/content/2014/content_2620283.htm。

建设，培育高光效、耐高温和抗寒抗旱作物品种，建立抗逆品种基因库与救灾种子库。引导畜禽和水产养殖业合理发展。按照草畜平衡的原则，实行划区轮牧、季节性放牧与冬春舍饲。加大草场改良、饲草基地以及草地畜牧业等基础设施建设，鼓励农牧区合作，推行易地育肥模式。2018 年，农业农村部印发《农业绿色发展技术导则（2018—2030 年）》，提出 2030 年基本实现农业生产全程机械化、清洁化、农业废弃物全循环、农业生态服务功能大幅增强[①]。

在水资源领域，中国政府建立了最严格的水资源管理制度考核制度，对 31 个省（区、市）的考核工作实现全覆盖。中国政府先后印发《“十三五”水资源消耗总量和强度双控行动方案》《节水型社会建设“十三五”规划》《全民节水行动计划》，提出开展农业节水增产、工业节水增效、城镇节水降耗等十大节水行动，改革管理体制，在重大流域建立“河长制”“湖长制”，在全国 105 个城市（县、区）分别开展水生态文明城市建设试点。

在林业和生态系统，农业农村部组织编制了《耕地草原河湖休养生息规划（2016—2030 年）》和《全国草原保护建设利用“十三五”规划》，印发《推进草原保护制度建设工作方案》，开展全国草原生态环境专项整治，进一步落实草原禁牧和草畜平衡制度。在内蒙古等 13 省（区）和新疆生产建设兵团、黑龙江农垦总局落实草原生态保护补助奖励政策。大力实施退牧还草工程，截至 2018 年，建设草原围栏 233. 4 万公顷，退化草地改良 17. 3 万公顷。

在城市建设领域，2017 年国家发展和改革委、住房和城乡建设部联合印发《城市适应气候变化行动方案》《气候适应型城市建设试点工作的通知》，统筹协调城市适应气候变化相关工作，推动城市适应气候变化能力不断提升，各地就此开展了积极探索，呼和浩特、大连等 28 个城市被列为试点名单。到 2019 年，试点地区适应气候变化基础设施得到加强，适应能力显著提高，公众意识显著增强，打造了一批具有国际先进水平的典型范例城市，形成一系列可复制、可推广的试点经验[②]。气候适应型城市是新型城镇化建设的重要课题，是实现人与自然和谐发展的重要体现。

---

① 《农业农村部关于印发〈农业绿色发展技术导则（2018—2030 年）〉的通知》，2018 年 7 月 6 日，http://www.moa.gov.cn/gk/ghjh_ 1/201807/t20180706_ 6153629.htm。

② 《我国启动气候适应型城市建设 28 个城市试点 气象部门提供技术与服务支持》，《中国气象报》2017 年 3 月 2 日。

在防灾减灾领域，2017 年中共中央、国务院印发《关于推进防灾减灾救灾体制机制改革的意见》。国务院办公厅印发《国家综合防灾减灾规划（2016—2020 年）》，修订了《救灾应急工作规程》，规范和完善了中央层面自然灾害救助工作及应急响应程序。加强和调整防灾减灾工作机制，2018 年新组建应急减灾部。民政部门继续发挥救灾应急响应重要作用，仅 2017、2018 两年时间就启动应急响应 29 次，紧急调拨 5.4 万顶救灾帐篷、18.5 万床棉被、2.1 万件棉大衣、3 万个睡袋、6.6 万张折叠床等生活类中央救灾物资，帮助地方妥善安置紧急转移群众 1193 万人次。中国气象局组织开展全国所有区县气象灾害风险普查，累积完成 5425 条中小河流、19279 条山洪沟、11947 个泥石流点、57597 个滑坡隐患点的风险普查和数据整理入库，完成全国 1/3 以上中小河流洪水、山洪风险区划图谱的编制和应用，建立了统一的气象灾害风险管理数据库，基本实现气象灾害风险预警服务全国覆盖，积极开展生态气象监测与评价服务，对全国草原植被生产力、牧草产量、草原生态质量进行了动态监测估测，开展减排效果评估以及重污染天气预测等工作。同时，社会力量参与救灾工作机制不断完善，民政部等出台了《关于支持引导社会力量参与救灾工作的指导意见》，政府主导、部门协作、社会参与的防灾减灾格局基本形成。

三　完善资金机制与加强技术合作

发达国家向发展中国家提供履行《公约》有关的资金，并加强对发展中国家的低碳技术转让与支持，是发展中国家有效履约的重要前提。2005 年《京都议定书》生效以来，三个灵活机制提供了基于市场的融资渠道。“十一五”期间，中国批准了 5073 个清洁发展机制项目，这些项目主要集中在新能源和可再生能源、节能、提高能效、甲烷回收利用等方面，其中有 270 个项目在联合国清洁发展机制执行理事会成功注册。

中国在强调发达国家必须向发展中国家提供资金与技术的同时，针对不少发展中国家经济和基础设施落后、易受气候变化不利影响威胁且应对能力薄弱的问题，多年来通过开展气候变化合作，为非洲国家、小岛屿国家和最不发达国家提高应对气候变化能力提供积极支持，展开发展中国家之间的资金合作和技术推广，积极援助广大发展中国家开展应对气候变化能力建设。2000—2010 年，中国先后免除了亚非拉、加勒比、大洋洲地区等 50 多个国家的到期债务约255.8亿元人民币，为发展中国家援建了200个清洁能源和环保项目。2011—2015年，中国为发展中国家援建了200个清洁能源和环保等项目，帮助数十个国家改善应对气候变化基础设施、加强应对气候变化能力建设①。2015年9月，国家主席习近平在出席联合国峰会时宣布中国将设立中国气候变化南南合作基金；在巴黎气候大会上，习近平进一步表示，中国将于2016年启动在发展中国家开展10个低碳示范区、100个减缓和适应气候变化项目及1000个应对气候变化培训名额的合作项目②。通过建立南南合作基金，中国政府"十二五"规划以来已累积投入5.8亿元人民币，为小岛国、最不发达国家、非洲国家及其他发展中国家提供了实物和设备援助，对它们参与气候变化国际谈判、政策规划、人员培训等方面提供了大力支持。预计2016年到2030年中国将投入30万亿元人民币应对气候变化③。

在技术合作领域，中国积极加强应对气候变化科学研究，不但在国内通过设立专项支持等方式加强相关领域的研究，也多次资助相关国际会议和研究活动。特别是在IPCC的各项活动中，中国始终是积极参与者，组团参加了历次全会和主席团会议，先后有100多位优秀科学家和相关领域的专家学者参与IPCC历次评估报告和特别报告的编写和评审。中国在这个过程中实现了国内国际气候变化科学研究的双促进，中国的研究成果在IPCC以及联合国其他可持续发展领域相关报告中的引用率显著提高。

四　气候外交

气候外交是全球气候治理的重要内容和"主战场"，也是中国参与全球治理的成功典范，也是新时期中国外交的重要课题④。面对全球气候谈判中所面临的日益复杂局面，中国逐渐形成了基本的全球气候理念：坚持《公约》和《议定书》基本框架，严格遵循"巴厘路线图"；坚持"共同但有区别的责任"原则；坚持可持续发展原则；坚持统筹减缓、适应、资金、技术等问题

① 中华人民共和国国务院新闻办公室：《中国应对气候变化的政策与行动（2011）》，人民出版社2011年版。

② 刘振民：《全球气候治理中的中国贡献》，《求是》2016年第7期。

③ 冯蕾：《世界瞩目中国倡议中国担当——写在〈巴黎协定〉生效之际》，《光明日报》2016年11月5日第4版。

④ 刘振民：《全球气候治理中的中国贡献》，《求是》2016年第7期。

以及坚持联合国主导气候变化谈判的原则；在联合国《公约》框架下，坚持“协商一致”的决策机制[①]。中国的气候外交在坚持上述原则的基础上，根据自身的条件积极采取更加灵活、更积极的立场和行动，积极参与《公约》内外的谈判活动，灵活利用双边或多边援助与发展机制等，扩大对发展中国家的影响，推动全球气候治理的进程。

在国际气候谈判中，中国主动采取更灵活的气候外交政策，不断巩固中国在联合国框架内外的气候治理话语权。中国强调，全球气候治理应在联合国框架下通过协商一致的方式来解决，其他形式的国际机制应作为对前者的补充和推动。在《公约》以外机制上，中国从过去的专注于《公约》以及《京都议定书》，逐渐转变为对其他形式国际气候合作机制持开放态度。如历年来中国领导人先后参加了二十国集团峰会、主要经济体能源安全与气候变化领导人会议、亚太经合组织等，通过高层互访和重要会议推动国际气候谈判进程[②]。2014 年，在第 69 届联合国大会上，中国代表 77 国集团提出了“在联合国框架下大力发展南南合作”的提案并获得通过，以团结为基础、以平等为原则的南南合作开创了中国在联合国框架下积极参与全球气候治理的先河。2015 年，中国主动向联合国提出 2030 年自主国家减排目标，提交包括 2030 年峰值目标等在内的“国家自主贡献”减排目标，有力推动了国际气候进程达成了来之不易的《巴黎协定》，增强了国际社会合作应对气候变化的信心。2015 年 11 月，习近平主席出席气候变化巴黎大会，系统提出应对气候变化、推进全球气候治理的中国主张，以最积极的姿态推动巴黎气候协定达成，体现了大国担当，中国为推动《巴黎协定》通过所采取的积极努力赢得了国际社会的高度评价和广泛赞誉。

第三节　以生态文明建设引领中国气候行动

全球气候治理是全球生态文明建设的重要构成，也是构建人类命运共体的

① 何建坤：《〈巴黎协定〉后全球气候治理的形势与中国的引领作用》，《中国环境与管理》2018 年第 1 期；曹慧：《全球气候治理中的中国与欧盟：理念、行动、分歧与合作》，《欧洲研究》2015 年第 5 期。

② 曹慧：《全球气候治理中的中国与欧盟：理念、行动、分歧与合作》，《欧洲研究》2015 年第 5 期。

重要领域。中国共产党第十九次全国代表大会报告首次把引领全球生态文明建设写进党的报告，指出中国要“引导应对气候变化国际合作，成为全球生态文明建设的重要参与者、贡献者、引领者”①，并向全世界表明，中国将积极参与全球环境治理，落实减排承诺。2016 年 5 月，联合国环境规划署发布《绿水青山就是金山银山：中国生态文明战略与行动》报告，向全世界介绍了中国生态文明建设的指导原则、基本理念和政策举措，总结了中国将生态文明融入国家发展规划的做法和经验。② 全球气候治理具有长期性、综合性、复杂性等特点，引领生态文明建设，推动全球气候治理，是中国新形势下参与全球气候治理的重大课题，对全球气候治理范式转变具有重大意义。中国应立足国情，主动探索，积极创新，引领引导有机结合，积极推动全球气候治理有序开展，取得实效。

第一，做全球气候治理正义的维护者。十九大报告提出了人类共同面临气候变化等许多领域非传统安全威胁持续蔓延的挑战，全球气候治理成为国际社会面临的共同任务。但在传统全球治理体系中，西方发达国家及其集团一直占主导地位，包括在气候治理领域也在争取主导话语权。中国作为全球第二大经济体，也是最大发展中国家，应当与新兴国家站在一起积极参与全球治理，秉持全球气候治理正义，扩大发展中国家的话语权，在全球气候治理领域应主动发出声音，提出既符合应对气候变化历史逻辑，又符合各国发展水平，更符合发展中国家利益的气候治理主张，在国际气候治理规则中应更多地反映发展中国家的利益与诉求，彰显和维护全球气候治理正义。

第二，做全球气候治理机制的促进者。中国为推动《巴黎协定》通过所采取的积极努力赢得了国际社会的高度评价，但是随后美国单方面退出《巴黎协定》，给全球气候治理增加了很大不确定性。围绕如何实现《巴黎协定》目标，各缔约国亟须在减缓、适应、资金和技术等方面进一步协商和制定更具体、更细化的全球气候治理规则。中国应继续坚持“共同但有区别的责任”“各自能力”原则，从构建人类命运共同体和维护人类共同利益出发，积极促进国际社会平等协商，倡导和推动制定全球气候治理新规则，有效促进各国尤

---

① 习近平：《决胜全面建成小康社会　夺取新时代中国特色社会主义伟大胜利——在中国共产党第十九次全国代表大会上的报告》，人民出版社 2017 年版，第 6 页。

② 《联合国环境署发布〈绿水青山就是金山银山〉报告 中国生态文明走向世界》，《人民日报》2016 年 5 月 28 日，http：//www. wenming. cn/xj_ pd/ssrd/201605/t20160528_ 3390739. shtml。

其是发达国家依约履行气候治理责任，推进相应措施有效落实，以实现全球气候治理目标，共同保护好人类赖以生存的地球家园。

第三，做全球气候治理的积极贡献者。2020 年 9 月 22 日，习近平主席在联合国大会一般性辩论发言时宣布“中国将提高国家自主贡献力度，采取更加有力的政策和措施，力争 2030 年前二氧化碳排放达到峰值，努力争取 2060 年前实现碳中和”[①]。12 月 12 日，习近平在气候雄心峰会上承诺，到 2030 年，中国单位国内生产总值二氧化碳排放将比 2005 年下降 65% 以上，非化石能源占一次能源消费比重将达到 25% 左右，森林蓄积量将比 2005 年增加 60 亿立方米，风电、太阳能发电总装机容量将达到 12 亿千瓦以上。中央经济工作会议将“做好碳达峰、碳中和工作”[②] 作为 2021 年八大重点任务之一。各地方各部门纷纷出台相关政策。中国提出碳中和目标，充分展现了中国负责任大国的使命担当，受到国际社会的普遍赞誉。“十四五”标志着中国进入新的发展阶段，为落实碳达峰、碳中和目标，中国将以更大力度推动经济社会全面绿色转型，促进高质量发展。

第四，做全球气候治理的广泛合作者。全球气候治理是国际社会的共同任务，实现全球气候治理目标，需要国际社会广泛而持续的合作。2014 年以来，中国在气候变化的国际舞台上，通过 G20、金砖国家、APEC、中美、中欧、中法对话等平台，以更加积极开放的姿态与其他发达国家合作，先后形成《中美气候变化联合声明》《中欧气候变化联合声明》《中法元首气候变化联合声明》等一系列成果文件，为应对气候变化领域的全球合作注入了积极因素，显示了中国在气候外交上更加灵活务实的姿态。在《巴黎协定》生效后，广大发展中国家在减缓与适应气候变化方面将会面临更多挑战。中国不仅需要主动承担与中国国情、发展阶段和实际能力相符的国际义务，而且需要大力倡导国际社会合作应对气候变化，进一步加大气候变化南北合作，利用好中国气候变化南南合作基金项目，帮助其他发展中国家提高应对气候变化的能力，促进更多发达国家向发展中国家提供更多支持，并促进国际社会向发展中国家转让气候治理技术，为发展中国家技术研发应用提供支持，

① 习近平：《第七十五届联合国大会一般性辩论上的讲话》，《中华人民共和国国务院公报》2020 年第 28 期。

② 习近平：《继往开来，开启全球应对气候变化新征程——在气候雄心峰会上的讲话》，《人民日报》2020 年 12 月 13 日第 2 版。

促进绿色经济发展。

第五，做全球气候治理的科技创新者。破解全球气候变化问题关键还是要依靠科技进步。《巴黎协定》生效后，发展中国家在全球碳减排中扮演着十分重要的角色，但却缺乏先进的技术来实现减排目标，而发达国家拥有较多先进技术但推广应用有限。中国一方面应加强应对气候变化科技创新，大力加强节能降耗、可再生能源和先进核能、碳捕集利用和封存等低碳技术、绿色发展技术的研发、应用和推广；另一方面还应充分利用先进的科学技术深化国际合作，积极推进南北对话、沟通与协调，推动国际社会形成更加符合维护全球气候安全需要的技术合作机制，促进全球气候治理技术的深入研究和深度推广运用。

第六，做全球气候治理的理性担当者。随着中国经济实力的增强和国际地位的提升，中国正以前所未有的自信走向国际气候治理的舞台中央。特别是2020年中国克服重重困难，在全球率先控制了新冠疫情，是唯一实现经济正增长的主要经济体。然而，新冠疫情仍在全球蔓延，世界经济和国际政治发展不确定性增强。特别是美国拜登政府上台第一天就签署了重返《巴黎协定》的文件，试图重塑美国在国际事务中的领导力，美国气候政策也必将出现重大调整。中美欧大国博弈在很大程度上决定着国际气候进程的走向，同时各种政治势力也在不断分化重组。中国要在全球气候治理中更好发挥引导作用，必须充分认识国际气候治理的复杂性和不确定性，研究和把握其发展规律，加强国际合作，推动构建人类命运共同体。但是，必须清醒认识到我国仍然是一个发展中国家，我国综合国力与发达国家还有很大差距，各方面条件还不成熟、还有许多自身的问题需要解决，并不具备独自引领全球气候治理的实力。因此，在参与全球气候治理中，应保持战略定力，既发挥引导作用，又量力而行，既不做力所不能及的承诺，也不承担力所不能及的责任，而应秉持“共同但有区别的责任”基本原则，坚持全球气候治理行动关于照顾各国国情和发展阶段的理念，推动全球气候治理更加包容、务实和富有建设性。

总之，中国在积极参与和推进全球气候治理进程中，硬实力和软实力不断增强，成为维护发展中国家利益的主导力量，有力地推动了全球气候治理朝着更加公正、合理和有序的方向发展。同时，我们也应清醒地认识到全球气候治理在议题、主体、方式及结构上发生的重大变化，中国需要通过走生态文明之路，塑造自身治理能力，提升治理水平，为实现全球气候“有序”治理积极发挥自己应有的力量[①]。

延伸阅读

1. 刘燕华、王文涛：《全球气候治理新形势与我国绿色发展战略》，《可持续发展经济导刊》2019 年第 Z1 期。

2. 庄贵阳、周伟铎：《全球气候治理模式转变及中国的贡献》，《当代世界》2016 年第 1 期。

3. 何建坤：《全球气候治理新机制与中国经济的低碳转型》《武汉大学学报》（哲学社会科学版）2016 年第 4 期。

练习题

1. 中国为《巴黎协定》的达成、生效和实施作出了哪些贡献？

2. 中国在全球气候治理中的角色定位发生了怎样的转变？

3. 中国提出碳达峰、碳中和目标有什么战略意义？

① 许琳、陈迎：《全球气候治理与中国战略选择》，《世界经济与政治》2013 年第 1 期。

附　　录

英文缩写对照表

AC	Adaptation Committee	适应委员会
AIMS	Atlantic, Indian Ocean, Mediterranean and South China Sea	大西洋，印度洋，地中海和南中国海
AOSIS	Alliance of Small Island States	小岛屿国家联盟
APEC	Asia – Pacific Economic Cooperation	亚太经济合作组织
AR4	Forth Assessment Report	IPCC 第四次评估报告
AR5	Fifth Assessment Report	IPCC 第五次评估报告
BASIC	Brazil, South Africa, India and China	基础四国
BBC	British Broadcasting Corporation	英国广播公司
CCUS	Carbon Capture, Utilization and Storage	碳捕集、利用与封存
CCX	Chicago Climate Exchange	芝加哥气候交易所
CDM	Clean Development Mechanism	清洁发展机制
CDR	Carbon Dioxide Removal	二氧化碳移除技术
CEM	Clean Energy Ministerial	清洁能源部长级会议
CER	Certification Emission Reduction	核证减排量
CERES	Coalition for Environmentally Responsible Economics	环境责任经济联盟
CMIP5	Coupled Model Intercomparison Project Phase 5	耦合模式比较计划第五阶段
COP	Conference of the Parties	缔约方会议
CORSIA	Carbon Offsetting and Reduction Scheme for International Aviation	国际民航碳抵消和减排体系
CSLF	Carbon Sequestration Leadership Forum	碳收集领导人论坛
CTCN	Climate Technology Centre and Network	气候技术中心与网络

续表

CTF	Clean Technology Fund	清洁技术基金
EEDI	Energy Efficiency Design Index	节能设计指数
EIA	U. S. Energy Information Administration	美国能源信息署
ET	Emission Trading	排放贸易机制
FAR	First Assessment Report	IPCC 第一次评估报告
FSF	Fast Start Finance	快速启动资金
G20	the Group of 20	二十国集团
G8	the Group of Eight	八国集团
GCA	Global Committee on Adaptation	全球适应委员会
GCF	Green Climate Fund	绿色气候基金
GCP	Global Carbon Project	全球碳项目
GDP	Gross Domestic Product	国内生产总值
GEF	Global Environment Facility	全球环境基金
GHG	Greenhouse Gas	温室气体
IAM	Integrated Assessment Model	综合评估模型
IAR	International Assessment and Review	国际评估与审评
ICA	International Consultation and Analysis	国际磋商与分析
ICAO	International Civil Aviation Organization	国际民航组织
IDGMs	Investor – Driven Governance Mechanisms	投资人驱动的治理机制
IIASA	International Institute for Applied Systems Analysis	国际应用系统分析研究所
IMF	International Monetary Fund	国际货币基金组织
IMO	International Maritime Organization	国际海事组织
IPCC	Intergovernmental Panel on Climate Change	联合国政府间 气候变化专门委员会
ISO	International Organization for Standardization	国际标准化组织
JI	Joint Implementation	联合履约机制
JISC	Joint Implementation Supervisory Committee	联合履约机制监督委员会
KCI	Katowice Committee of Experts on the Impacts of the Implementation of Response Measures	卡托维兹应对措施专家委员会
LDCF	Least Developed Countries Fund	最不发达国家基金
LEG	Least Developed Countries Expert Group	最不发达国家专家组

续表

LULUCF	Land Use, Land - Use Change and Forestry	土地利用、土地用途变化与林业
MARPOL	International Convention for the Prevention of Pollution from Ships	《防止来自船舶污染的国际公约》
MEF	Major Economies Forum on Energy and Climate	主要经济体能源与气候论坛
MEPC	Marine Environment Protection Committee	国际海运组织的海运环保委员会
NAPAs	National Adaptation Programmes of Action	国家适应行动计划
NATO	North Atlantic Treaty Organization	北大西洋公约组织
NDC	Nationally Determined Contribution	国家自主贡献
NEPAD	New Partnership for Africa's Development	非洲发展新伙伴计划
NGO	Non - Governmental Organizations	非政府组织
OECD	Organization for Economic Co - operation and Development	经济合作与发展组织
OPEC	Organization of the Petroleum Exporting Countries	石油输出国组织
PCCB	Paris Committee on Capacity - building	巴黎能力建设委员会
PIK	Potsdam Institute for Climate Impact Research	波茨坦气候影响研究所
RCP	Representation Concentration Pathways	典型浓度路径
REDD	Reducing Emissions from Deforestation and Forest Degradation	减少来自毁林和森林退化的排放
RGGI	Regional Greenhouse Gas Initiative	区域温室气体减排行动
SAR	Second Assessment Report	IPCC 第二次评估报告
SBI	Subsidiary Body for Implementation	《公约》附属实施机构
SBSTA	Subsidiary Body for Scientific and Technological Advice	《公约》附属科技咨询机构
SCCF	Special Climate Change Fund	气候变化特别基金
SCF	Standing Committee on Finance	常设资金委员会
SDGs	Sustainable Development Goals	联合国可持续发展目标
SEEMP	Ship Energy Efficiency Management Plan	《船舶能效管理计划》
TAR	Third Assessment Report	IPCC 第三次评估报告
TEC	Technology Executive Committee	技术执行委员会
UNDP	United Nations Development Programme	联合国开发计划署
UNEP	United Nations Environment Programme	联合国环境规划署

续表

UNFCCC	United Nations Framework Convention on Climate Change	联合国气候变化框架公约
UNIDO	United Nations Industrial Development Organization	联合国工业发展组织
WCI	Western Climate Initiative	西部气候倡议
WCP	World Climate Pro – gramme	世界气候计划
WIM	Warsaw International Mechanism for Loss and Damage associated with Climate Change Impacts	气候变化影响相关损失和损害华沙国际机制
WMO	World Meteorological Organization	世界气象组织
WRI	World Resources Institute	世界资源研究所
WTO	World Trade Organization	世界贸易组织